好好車！
家用縫紉機就 OK ！

生活感
手作帆布包&布小物

Contents

扁形萬用袋
立體萬用袋

以袋縫完成的基本款萬用袋。
只要抓出袋底寬度即可。

Design & Make→越膳夕香
How to Make→P.36～附圖解說
帆布→富士金梅8號帆布Vintage Canvas（川島商事）

筆袋

以接合袋底的方式
輕鬆完成輕巧的外形。

Design & Make→越膳夕香
How to Make→P.50
帆布→富士金梅8號帆布Vintage Canvas（川島商事）

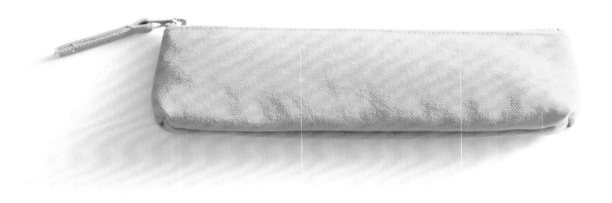

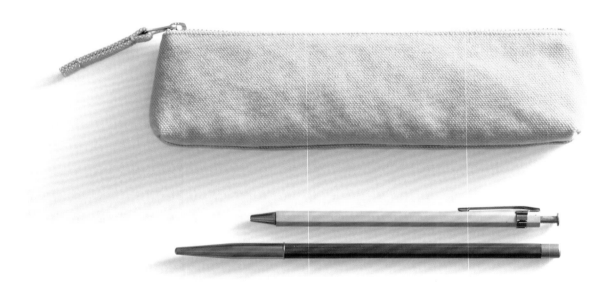

鑰匙包

可依鑰匙長短
調整鑰匙包的大小。

Design & Make→越膳夕香
How to Make→P.51
帆布→富士金梅8號帆布Vintage Canvas（川島商事）

材料提供／角田商店

多功能收納袋

有卡片、存摺及文件三款尺寸，
三款尺寸的基本作法相同。

Design & Make→越膳夕香
How to Make→P.52
帆布→富士金梅8號帆布Vintage Canvas（川島商事）

材料提供／角田商店

捲式工具包

將散亂四處的物品，
捲起來收納，
輕巧不占空間。

Design & Make→越膳夕香
How to Make→P.53
帆布→富士金梅8號帆布Vintage Canvas（川島商事）

袋中袋收納包

分隔收納功能讓包包裡的物品一目瞭然，
當作迷你包也很可愛。

Design & Make→越膳夕香
How to Make→P.54
帆布→富士金梅8號帆布Vintage Canvas（川島商事）

基本款托特包

從輕便的S號到旅行用LL號托特包，
尺寸俱全，袋底堅固耐用。

Design & Make→櫛山彩（Tracking＋）
How to Make→請參照P.38的步驟說明
帆布→富士金梅8號帆布（川島商事）

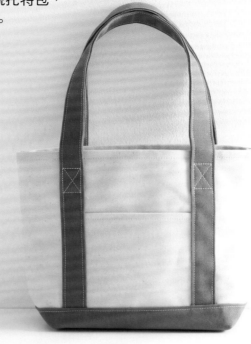

S

W33 x H23 x D10cm

M

W45 x H29 x D14cm

10

L

W48 x H32 x D16cm

LL

W54 x H36 x D20cm

11

橫長形托特包

小巧玲瓏的橫長形托特包，
出門買東西時少不了它。

Design & Make→猿田彩（::KIKI::）
How to Make→P.56
帆布→8號酵素洗加工帆布（布の通販リデ）

波士頓包

具有大容量的包款，
提把也可肩背，相當便利。

Design & Make→櫛山彩（Tracking+）
How to Make→P.58
帆布→8號酵素洗加工帆布（銀河工房）

筒形托特包

袋底呈四角形的托特包。
厚實的帆布，
粗糙質感別有一番風味。

Design & Make→櫛山彩（Tracking+）
How to Make→P.60
帆布→400帆布（銀河工房）

公事包

中規中矩的設計，
作法出乎意料地簡單。
內側的保護層運用拼布技巧完成。

Design & Make→岡田桂子（flico）
How to Make→P.62
帆布→8號帆布（NOMURA TAILOR）

材料提供／尼龍拼布（NOMURA TAILOR）

單提把肩背包

簡單俐落的四角形袋身
搭上超吸睛的寬版提把。

Design & Make→猿田彩（::KIKI::）
How to Make→P.64
帆布→富士金梅11號帆布（川島商事）

繡線托特包

附肩背帶，
施有精美繡線的托特包。

Design & Make→猿田彩（::KIKI::）
How to Make→P.65
帆布→8號酵素洗加工帆布（布の通販リデ）

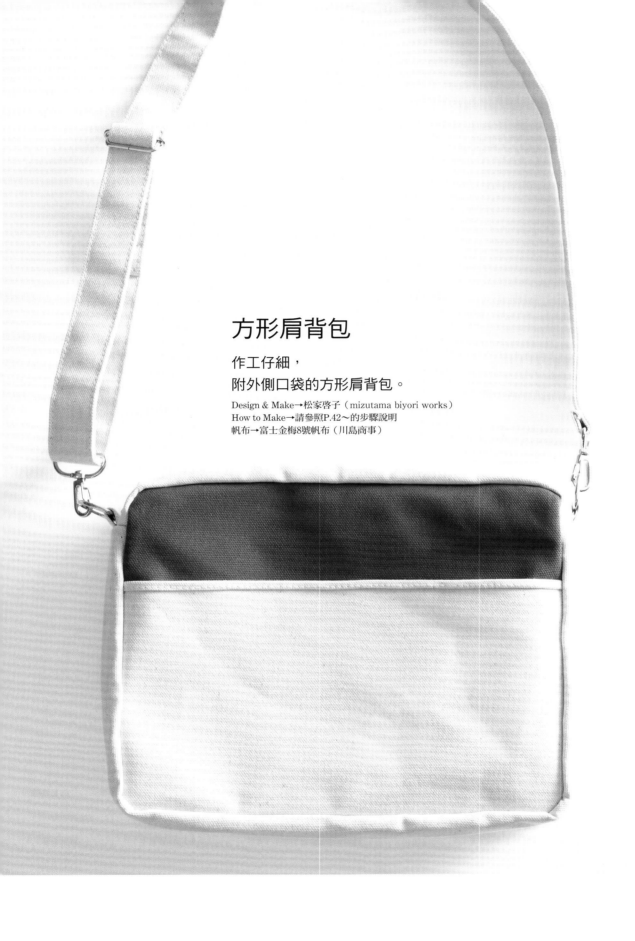

方形肩背包

作工仔細，
附外側口袋的方形肩背包。

Design & Make→松家啓子（mizutama biyori works）
How to Make→請參照P.42～的步驟說明
帆布→富士金梅8號帆布（川島商事）

兩用手提斜背包

依穿搭風格，可當肩背包，
也可當手提包。

Design & Make→岡田桂子（flico）
How to Make→P.66
帆布→11號帆布（fabric bird）

材料提供／磁釦（INAZUMA）

束口水桶肩背包

以皮繩緊緊束起的
雙色束口水桶肩背包。

Design & Make→松家啓子（mizutama biyori works）
How to Make→P.68
帆布→富士金梅8號帆布（川島商事）

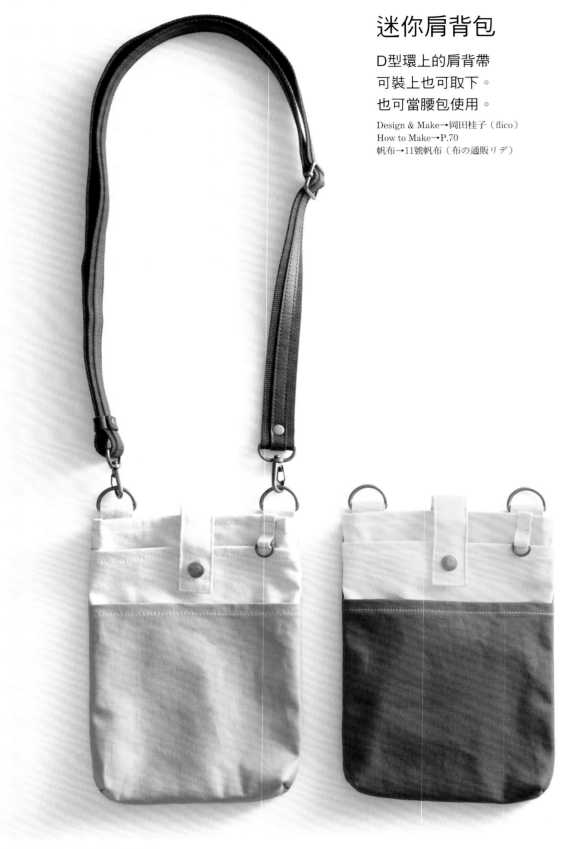

迷你肩背包

D型環上的肩背帶
可裝上也可取下。
也可當腰包使用。

Design & Make→岡田桂子（flico）
How to Make→P.70
帆布→11號帆布（布の通販リデ）

材料提供／肩背帶、D型環（INAZUMA）

基本款背包

可以放入A4大小文件的束口背包，
側袋可裝寶特瓶。

Design & Make→岡田桂子（flico）
How to Make→P.72
帆布→富士金梅11號帆布（川島商事）

袋口反摺後背包

袋口反摺形成袋蓋，
造型輕巧也適合小朋友使用。

Design & Make→新宮麻里（sewsew）
How to Make→P.75
帆布→10號帆布

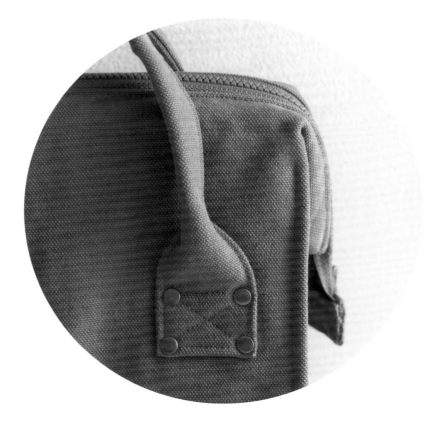

方框口金後背包

袋口的方框口金讓包包的口徑變大，
更具魅力。

Design & Make→新宮麻里（sewsew）
How to Make→P.77
帆布→8號帆布

帆布小常識

帆布種類

帆布主要是由棉線平織而成的厚實布料，江戶時代用於船帆，因而有了這個名稱。常聽見的「號數」，代表帆布的厚度，數字越小，表示帆布的織線粗，質地厚實。最近市面上有各種加工、印花等多樣化的帆布。

可以以家用縫紉機車縫的帆布

薄 ⟶ 厚

印花帆布
印有花樣或先染布等，種類豐富。

特殊酵素洗加工帆布
使用藥劑加工，賦予帆布古著二手感。煙燻色，帶點成熟的質感。

麻質帆布
麻質帆布，而非棉質。具有麻布獨特吸引人的色調。

11號帆布
帆布當中最薄的一款，質地與厚布帛相似，家用縫紉機就能輕鬆車縫。

10號帆布
可立起的厚度，家用縫紉機也能輕鬆車縫。

8號帆布
質地厚實強韌，遇到兩片以上重疊的部分，須緩慢車縫。

帆布厚度

11號帆布4片
可以順利車縫的厚度。

11號帆布6片
具有厚度，須緩慢推進車縫。

8號帆布4片
家用縫紉機也能緩慢推進車縫。

8號帆布6片
具有相當的厚度，車縫時須特別留意。車縫前，可以木槌或鎚子敲打帆布，讓厚度變薄。車針無法向前推進時，可轉動手輪，以利推進。

縫份的處理

以斜紋帶包邊
最美觀的方法。不過，多層重疊的縫份並不適合以斜紋帶包邊。

塗上布用專用膠
為了防止布邊綻開，可運用鎖邊縫，或塗上專用膠固定，請參照P.12。

Z字形車縫
運用Z字形車縫功能防止布邊綻開。

保管方式

帆布容易產生褶痕，以熨斗燙也不容易燙平皺褶。建議收納時，將帆布捲於筒狀物品上，而不是將其重疊保管。

裁縫工具&技巧

必備工具

[製圖]

尺&消失筆
常用於帆布繪圖，建議挑選能畫平行線的方格尺；消失筆挑選墨水會隨時間消失的種類。

[裁剪]

剪刀
以裁布剪刀裁帆布，以小剪刀剪線。

[作記號]

骨筆&錐子
可以骨筆壓出褶痕，或拆開縫份。可以錐子作記號，或挑取袋物邊角。

[縫紉]

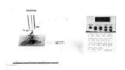

縫紉機
基本上只要能進行直線車縫即可。本書中的作品皆能使用家用縫紉機完成。

車針
本書主要使用11號（一般布料）與16號（厚布料）車針。

棉線
本書主要以60號（一般布料）與30號（厚布料）棉線，可搭配布料的顏色，或挑選具有畫龍點睛效果的顏色。

預備工具

雙面膠
珠針不容易使用，可先以雙面膠固定，相當方便。準備寬度0.3至0.5cm的雙面膠，黏貼時避開縫線。

強力夾
可以長尾夾取代，挑選能夾緊布料，且容易扳開的強力夾。

木槌&榔頭
敲打重疊的布料可以讓厚度變薄，讓車縫更順暢。

多一個步驟讓車縫更美觀

布料過厚不易車縫時

以木槌&榔頭敲打
縫份重疊會變厚，有時車針無法向前推進，此時以木槌或榔頭敲打幾次，不僅能讓厚度變薄，更易於車縫。

讓厚度均一化
布料過厚會導致針板不穩，難以車縫，若將厚度相同的布料夾在針板的另一側，車縫起來會更順暢。

顯得沒有型時

以骨筆壓出褶痕
縫份拆開或壓褶處如果處理得不夠仔細，成品會顯得沒有型。以骨筆確實壓出褶痕，能使成品顯得美觀。

※P.34至P.35的帆布為富士金梅®所生產。棉線提供廠商／fujix

扁形萬用袋 & 立體萬用袋

photo p4

［完成尺寸］

寬21×高14cm（扁形萬用袋）
袋口寬21×高12×袋底4cm（立體萬用袋）

［材料］

・富士金梅8號帆布Vintage Canvas（#8100）
葡萄紫（56）、棕色（21）　各25×35cm
・20cm的拉鍊　各1條

0.3cm寬的布用雙面膠
手工藝專用接著劑

・針用11號；棉線用Shappesupan 60號。
・選用較鮮豔的棉線，讓縫線更清楚明瞭。

［裁布圖］

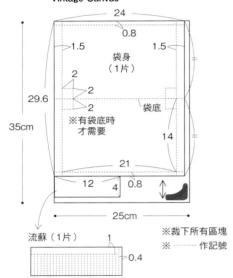

富士金梅8號帆布
Vintage Canvas

袋身（1片）
袋底
※有袋底時才需要
24
0.8
1.5　1.5
2
2
2
29.6
35cm
21
12　4　0.8
14
25cm

流蘇（1片）
1
0.4

※裁下所有區塊
※ ------ 作記號

Point　布邊的處理

為了防止布邊綻開，裁剪前，可在裁剪處薄薄塗上一層手工藝專用接著劑。

①在裁切線上薄薄塗上一層寬約0.5cm的接著劑。

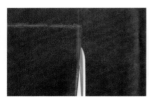

②待接著劑凝固後，沿著裁切線裁剪。

③布邊不會綻開，顯得整齊美觀，也便於保管。

接著劑選用乾燥後會呈透明狀的種類。

1 拉鍊的處理

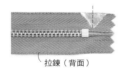

拉鍊（背面）

①如圖所示，在拉鍊背面的等腰三角形上塗上接著劑。

往內摺

②將布邊往內摺黏貼固定，表面再塗上一層接著劑。

③將邊角往上摺成三角形後黏貼固定。

④以小夾子夾住固定，待接著劑凝固為止，剩下的三個邊角都以相同方式處理。

2 在袋身縫上拉鍊

①在拉鍊兩個長邊貼上布用雙面膠。

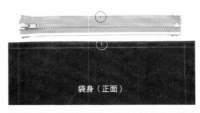

②撕下雙面膠的離型紙,分別在拉鍊中間與袋身中間作記號。

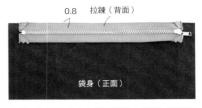

③對齊拉鍊與袋身中間的記號,並將拉鍊與袋身正面相對重疊後,沿著縫份0.8cm進行疏縫。

3 兩側以袋縫方式縫合

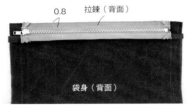

④另一長邊也以相同方式,將拉鍊與袋身正面相對重疊後,沿著縫份0.8cm進行車縫。

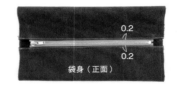

⑤從袋身正面車縫拉鍊邊緣。

①將袋身背面相對對摺,兩側沿著縫份0.5cm進行車縫後,將袋身翻至背面,以錐子理出邊角。

4 車縫側身(僅限立體萬用袋)

②兩側沿著縫份0.8cm進行車縫(袋縫),扁形萬用袋至此步驟即完成。

①對齊袋身兩側與袋底褶線,將兩個邊角摺起進行車縫,並讓縫份倒向前方(拉鍊閉合時,拉鍊拉頭位於左側)。

②翻回正面後調整外型。

流蘇作法

①在比原尺寸稍大的整個長方形塗上接著劑,待乾後,畫上記號,剪下一條布邊。

②將剪下的那一條布邊穿過拉頭對摺黏好後,黏貼固定於流蘇袋身的邊緣,作為流蘇的軟芯。

③在流蘇上方塗上1cm寬的接著劑,從邊緣仔細捲起。

④捲完,待接著劑凝固即完成。

基本款托特包（M號）

photo P.10

［完成尺寸］

寬42×高29×袋底14cm

・針用16號；棉線用Shappesupan 30號。

・除了特別指定之外，起針與止針處回針三針。

・縫線長度約0.3cm，顯得整齊美觀。

・S、L及LL號請參照P.10、P.11。
　裁布圖請參照P.48。

・選用較鮮豔的棉線，讓縫線更清楚明瞭。

［材料］

・富士金梅8號帆布（#8000）寬112cm

M　黑色（3）50cm、紫色（39）100cm

S　原色（1）40cm、駝色（86）100cm

L　原色（1）60cm、中綠色（38）110cm

LL　深灰色（64）70cm、黑色（3）120cm

2.5cm的斜紋帶S140／M170／L180／LL190cm

0.5cm寬的布用雙面膠

［裁布圖］

富士金梅8號帆布（黑色）

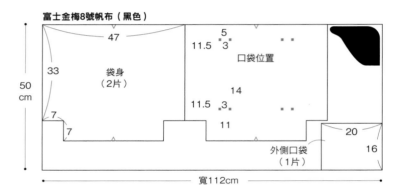

47

5

11.5　3

11.5　3

14

11

33

50cm

7

7

袋身
（2片）

口袋位置

外側口袋
（1片）

20

16

寬112cm

富士金梅8號帆布（紫色）

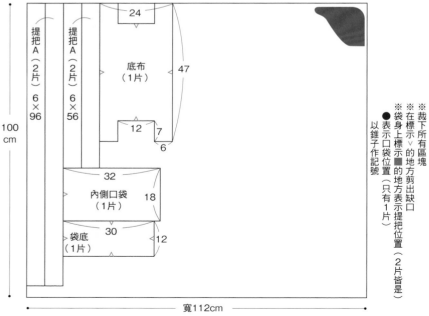

提把A（2片）6×96

提把A（2片）6×56

24

底布（1片）

47

12　7

6

32

內側口袋（1片）　18

30

袋底（1片）　12

100cm

寬112cm

※裁下所有區塊

※在標示∨的地方剪出缺口

※袋身上標示■的地方表示提把位置（2片皆是）

●表示口袋位置（只有1片）
以錐子作記號

記號作法

＜提把&口袋位置＞

摺雙

以消失筆在袋身的一邊作記號，
沿著中心線對摺使左右對稱後，
以錐子戳洞。

＜缺口＞

在提把之外的布塊中央剪出牙
口。袋底的上下左右也剪出缺
口。

①將布塊對摺，在邊角剪出牙
口。

②形成一個三角形牙口。

1 縫製外側口袋

0.7

外側口袋（正面）

① 外側口袋的袋口以1 cm→1cm摺三褶後，從袋口正面進行車縫，寬留0.7cm。以布邊定位板輔助更方便。

袋身（正面）

② 在袋身外側口袋位置貼上布用雙面膠。

袋身（正面）

外側口袋（正面）

0.3

③ 先以雙面膠固定外側口袋，袋口不車縫，其餘三個邊皆沿著縫份0.3cm進行車縫。

2 縫製提把

提把（正面）

① 將提把兩個邊緣沿中心線往內對摺，以骨筆等小工具壓出褶痕。

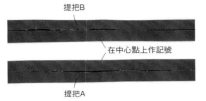

提把B

在中心點上作記號

提把A

② 分別在提把A與B的中心點畫上記號。

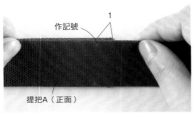

作記號   1

提把A（正面）

③ 褶面朝內重疊，並對齊提把A與B的中心點。離提把B前端1cm處畫上止縫點（左右兩邊都畫上）。

3 縫上提把

0.3

提把A（正面）

0.3

止縫點

④ 起針與止針處皆不回針，從中心點沿著縫份0.3cm車縫至止縫點。線尾在背面打結。另一條提把也以相同方式完成。

① 在提把位置的中間貼上布用雙面膠。

袋身（正面）

提把A（正面）

袋身（正面）

② 將提把的布邊對齊記號下端後，先以布用雙面膠固定。

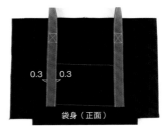

0.3   0.3

袋身（正面）

③ 提把參照右圖的順序，沿著縫份0.3cm進行車縫。另一片也以相同方式縫上提把。

提把的車法

止縫點的記號

從步驟2-③的止縫點記號開始車縫。

4 縫上袋底

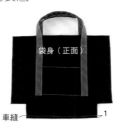

袋身（正面）

車縫   1

① 將袋身前後兩片背面相對疊合後，沿著縫份1cm車縫袋底。

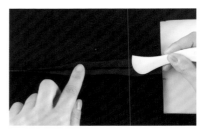

②以骨筆將縫份壓開。

袋底　對齊

③將袋底短邊上的缺口與袋底縫線對齊後重疊。同時也將長邊缺口與袋身中心的缺口對齊。

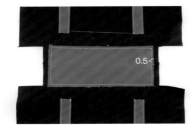

0.5

④沿著縫份0.5cm在四個邊進行車縫。

5 縫上底布

底布（背面）
1

①將底布長邊往內摺1cm。

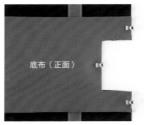

底布（正面）

②將底布與袋身對齊重疊。

袋身（正面）
底布（正面）
0.3

③沿著縫份0.3cm車縫一圈。

6 縫製內側口袋

摺三褶
內側口袋（背面）

①將內側口袋短邊的其中一邊以1cm→1cm的寬度摺三褶。

0.7
內側口袋（正面）

②從正面0.7cm處進行車縫。

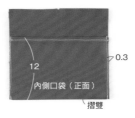

0.3
12
內側口袋（正面）
摺雙

③將口袋背面相對摺12cm，兩側沿著縫份0.3cm進行車縫。

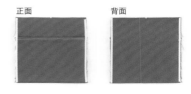

正面　背面

④正面及背面兩側皆貼上布用雙面膠。

離中心線0.1cm
1.5
內側口袋的背面
摺雙

⑤撕下黏在口袋正面的布用雙面膠後，將口袋重疊於斜紋帶上，並使口袋離斜紋帶中心線約0.1cm。此外，口袋下方預留約1.5cm的斜紋帶。

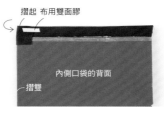

摺起 布用雙面膠
內側口袋的背面
摺雙

⑥撕下黏在口袋背面的布用雙面膠離型紙後，將斜紋帶往內摺1.5cm，在斜紋帶再貼上布用雙面膠。

⑦將斜紋帶對摺，包住縫份。按此順序能讓口袋正面顯得美觀。另一邊也以相同方式完成。

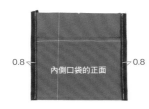

⑧沿著縫份0.8cm從正面進行車縫，離中心線多留0.1cm是為了避免背面的布滑開。

①袋身的袋口以1.5cm→1.5cm的寬度摺三褶後，以骨筆仔細壓出褶線。

②摺好後攤開，讓袋身缺口與內側口袋缺口對齊。

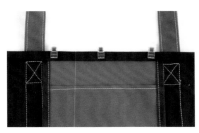

③將內側口袋夾於袋身上，再次將袋口摺三褶。

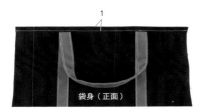

④避開提把，從正面沿著縫份1cm車縫袋口。

8車縫袋身

①將袋身正面相對對摺，沿著縫份1cm車縫袋身兩側。

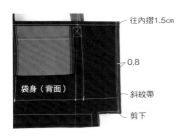

②以斜紋帶包住縫份，作法同內側口袋。

9車縫側身

①斜剪下袋身兩側底部的縫份。

②將袋身兩側對齊袋底缺口，沿著縫份1cm進行車縫，並讓兩側的縫份倒向前面。

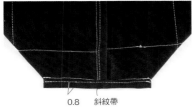

③以斜紋帶包住縫份，作法同內側口袋，並將斜紋帶兩端分別往內摺1cm。翻回正面後，調整外型即完成。

完成圖

Lesson 3
方形肩背包

photo P.22

[完成尺寸]

寬26×高21×袋底6cm

[材料]

・富士金梅8號帆布（#8000）

原色（1） 112cm寬×130cm

深藍色（60） 28×25cm

・內徑3cm的日型環1個

・內徑3cm的D型環2個

・鋅鉤2個

・2.5cm寬的斜紋帶 290cm

・30cm的拉鍊 1條

・針用16號；棉線用Shappesupan 30號。

・書用較鮮豔的棉線，讓縫線更清楚明瞭。

・轉角處紙型請參照P.46

[裁布圖]

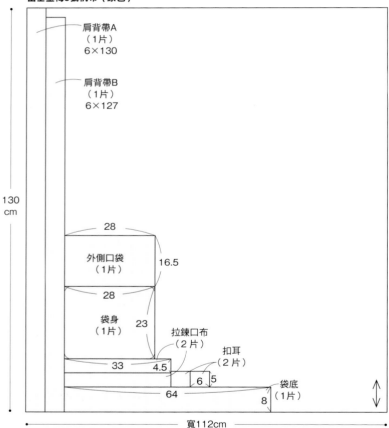

富士金梅8號帆布（原色）

肩背帶A（1片）6×130
肩背帶B（1片）6×127
外側口袋（1片）28 16.5
袋身（1片）28 23
拉鍊口布（2片）33 4.5
扣耳（2片）6 5
袋底（1片）64 8
130cm 寬112cm

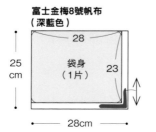

富士金梅8號帆布（深藍色）

袋身（1片）28 23 25cm 28cm

※裁下所有區塊
※在袋身及袋底長邊的中心點上作記號

1 縫製肩背帶

①肩背帶兩個邊緣沿著中心線往內對摺，並壓出褶線。A與B以相同方式完成。

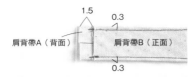

②將肩背帶A與肩背帶B的褶面朝內重疊，並讓肩背帶A兩端各預留1.5cm，沿著縫份0.3cm進行車縫。

③將肩背袋穿過鋅鉤，其中一端以1.5→2cm的順序摺三褶後，來回車縫2至3次。

④將肩背帶穿過日型環。

⑤將鋅鉤穿過日型環的右邊。

⑥將肩背帶由日型環的背面穿入，正面穿出。

⑦再將肩背帶由日型環的正面穿入，背面穿出。

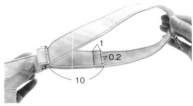

⑧將肩背帶拉出10cm，邊緣以1.5cm→2cm的順序摺三褶後，沿邊緣車縫兩條線，來回車縫2至3次。

2 縫製扣耳

②將扣耳兩個邊緣沿著中心線往內對摺，沿著縫份0.3cm車縫兩個邊緣。

8 縫製拉錬口布

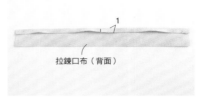

① 將拉錬口布的一邊往內摺1cm後，在長邊的中心點上作記號。在拉錬的中心點上也作記號。

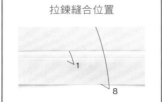

拉錬縫合位置

在拉錬口布上調整拉錬的位置，使拉錬寬為1cm，並讓口布與拉錬的中心點對齊重疊（寬與袋底相同為8cm）。

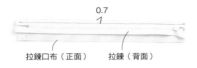

② 對齊拉錬與口布的中心點，並讓兩者的正面相對重疊，沿著縫份0.7cm進行車縫。

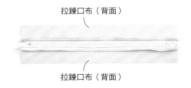

③ 另一邊也以相同方式完成，將拉錬與拉錬口布正面相對重疊，沿著縫份0.7cm進行車縫。拉錬兩端若有超出的部分，將其剪下。

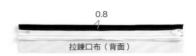

④ 以斜紋帶包住縫份後進行車縫。

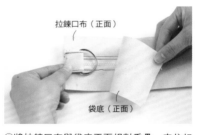

⑤ 另一邊也以相同方式完成，以斜紋帶包住縫份後進行車縫。

4 縫製袋底

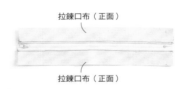

⑥ 從口布正面壓住拉錬邊緣進行車縫。

① 將扣耳穿過D型環。

② 將拉錬口布與袋底正面相對重疊，夾住扣耳，並對齊3塊布的中心點。

③ 沿著縫份1cm進行車縫，這個部分由於重疊了多層布塊，較厚不易車縫，可以木槌或榔頭敲打以減少厚度。也要記得減慢車縫速度，卡住時可以手動轉輪前進。

④ 以斜紋帶包住縫份後進行車縫。

5 縫製外側口袋

0.2

外側口袋（正面）

將外側口袋的袋口正面以0.5的寬度摺三褶後進行車縫。

6 車縫袋身

袋身（正面）

外側口袋（正面）

0.3

①將袋身正面與外側口袋重疊，在邊緣0.3cm處進行疏縫。

袋身（正面）

外側口袋（正面）

袋底（背面）

②將袋身與側身，拉鍊口布的正面相對，記得先對齊長邊的中心點後，再對齊轉角處，以防止位置滑開。

袋底（背面）

0.5

③沿著縫份0.5cm車縫一圈，轉角處不一定要對得很準，須防止袋底從袋身脫落。

剪下　　　　　剪下

袋底（背面）

④沿著袋底將超出轉角處的部分剪下。

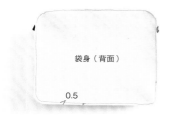

袋身（背面）

0.5

⑤拉開拉鍊，另一邊也以相同方式完成，將袋身與側身正面相對後進行車縫。

袋身（背面）

1　　止縫點

⑥以斜紋帶包住縫份後車縫一圈，並將斜紋帶往內摺約1.5cm，將止縫點包住。

往內摺

⑦翻回正面後，調整外型即完成。

完成圖

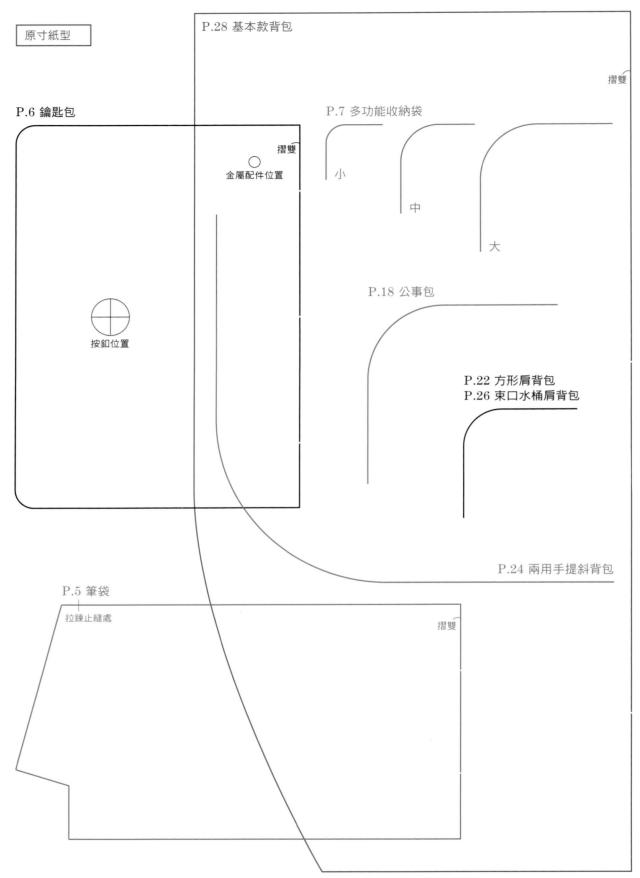

原寸紙型

P.28 基本款背包

摺雙

P.6 鑰匙包

P.7 多功能收納袋

摺雙
金屬配件位置

小

中

大

P.18 公事包

按釦位置

P.22 方形肩背包
P.26 束口水桶肩背包

P.24 兩用手提斜背包

P.5 筆袋

拉鍊止縫處

摺雙

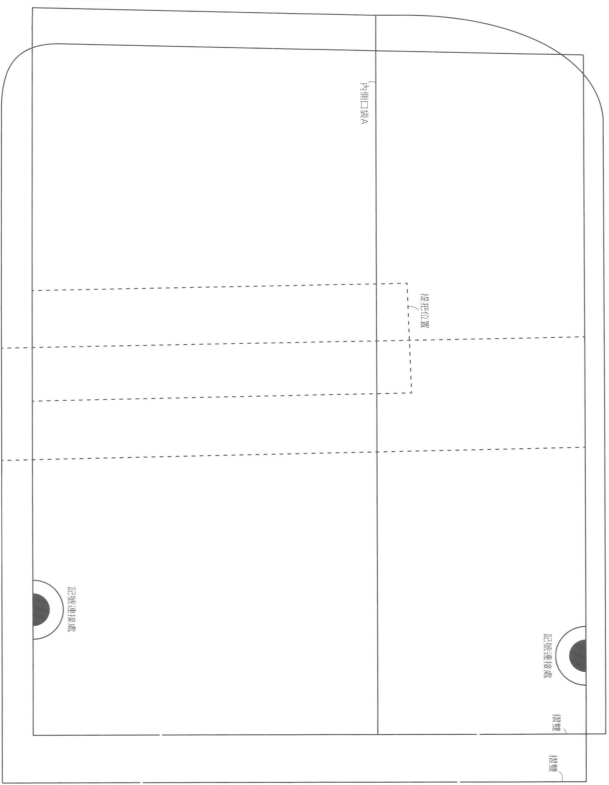

內側口袋A

提把位置

記號連接處
記號連接處

記號連接處
記號連接處

摺雙

摺雙

S號

富士金梅8號帆布（原色）

35	
27	袋身（2片）
40 cm	

5 / 5 / 8 / 3 / 13 / 8 / 3 / 8

5 / 15 / 15

外側口袋（1片）

寬112cm

富士金梅8號帆布（駝色）

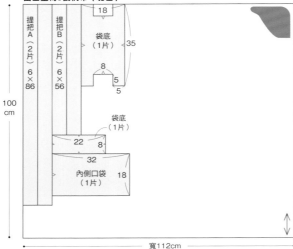

提把A（2片）6×86　提把B（2片）6×56

18
袋底（1片）35
8
5
5

袋底（1片）
22　8
32
內側口袋（1片）18

100 cm

寬112cm

LL號

富士金梅8號帆布（深灰色）

56
40
70 cm
10
10
袋身（2片）

5 / 14 / 3
17
14 / 3
14

24
外側口袋（1片）19

寬112cm

※裁下所有區塊
※在標示∨的地方剪出缺口
※袋身上標示■的地方表示提把位置（2片皆是）
●表示口袋位置（只有1片）
以錐子作記號

L號

富士金梅8號帆布（原色）

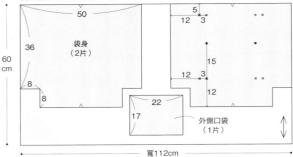

50
36
8
8
袋身（2片）

5 / 12 / 3
15
12 / 3
12

22
17
外側口袋（1片）

60 cm

寬112cm

富士金梅8號帆布（駝色）

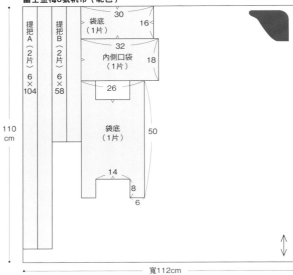

提把A（2片）6×104　提把B（2片）6×58

30
袋底（1片）16
32
內側口袋（1片）18
26

袋底（1片）50
14
8
6

110 cm

寬112cm

富士金梅8號帆布（黑色）

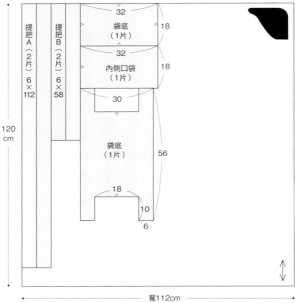

提把A（2片）6×112　提把B（2片）6×58

32
袋底（1片）18
32
內側口袋（1片）18
30

袋底（1片）56
18
10
6

120 cm

寬112cm

How to make

· 主要的工具請參照P.35。

· P.49～的裁布圖上並沒有標示縫份,因此裁布時,
  請確認裁布圖的尺寸後,再預留指定的縫份。

· 部分作品須使用轉角處的紙型,
  可使用本書P.46～的原寸紙型。

· 材料的尺寸以寬×長的順序標示。

筆袋

photo P.5

[完成尺寸]
寬21×高4.5cm×袋底3cm

[紙型]
P.46（袋身）

[材料]
富士金梅8號帆布Vintage Canvas
芥末黃色（31）／萊姆綠色（54）
30×25cm
2cm寬的斜紋帶　10cm
20cm的3號拉鍊　1條
0.3cm寬的布用雙面膠

[裁布圖]
富士金梅8號帆布Vintage Canvas

（正面）

袋身
（2片）

25cm

（1.5）　（0.8）

袋身

（0.8）　（1.5）　（0.8）

30cm

1.5

（0）

扣耳
（1片）

10

（1.5）

※（　）內的數字表示縫份。

[作法] 單位：cm

1 縫製扣耳

①將兩邊對齊中心線摺起。

手拉片（正面）

②塗上接著劑。

③將手拉片穿過
拉鍊拉頭。

④黏合。

1　　　1

⑤車縫。

2 縫上拉鍊

③對齊袋身與拉鍊口布後，
進行Z字形車縫。

②先以布用雙面膠固定後，
進行車縫（請參照P.37）。

2　　　0.7　　　2

拉鍊（背面）

袋身（正面）

①處理拉鍊口布的布邊
（請參照P.36）。

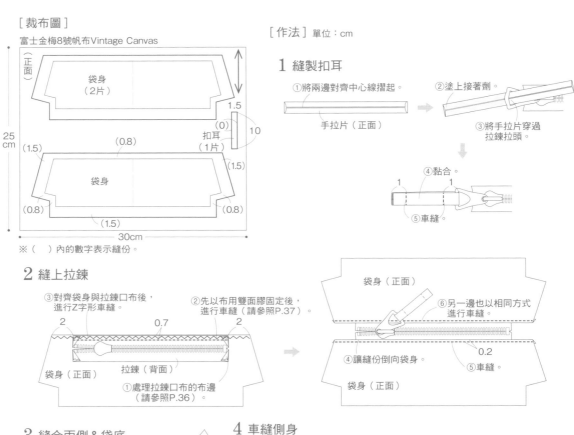

袋身（正面）

⑥另一邊也以相同方式
進行車縫。

④讓縫份倒向袋身。

0.2

⑤車縫。

袋身（正面）

3 縫合兩側＆袋底

拉開拉鍊

①將袋身背面相對疊合後
進行車縫。

0.5

袋身（正面）　0.5

②翻至背面。

0.8

袋身（背面）　0.8

③車縫。

4 車縫側身

①讓側身與袋底縫線對齊。

袋身
（背面）

0.8

③車縫。

②讓縫份倒向不同側。

袋身
（背面）

1　　1

摺起

斜紋帶

袋身
（背面）

0.3

⑥車縫。

⑤對摺。

完成圖

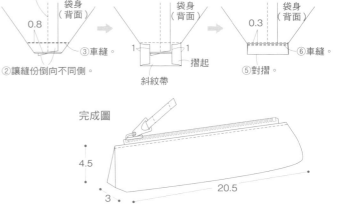

4.5

3　　　20.5

鑰匙包

photo P.6

[完成尺寸]

（摺起來的狀態）

寬約5cm×高10.5cm

[紙型]

P.46（袋身）

[作法] 單位：cm

[材料]

富士金梅8號帆布Vintage Canvas

冰雪灰色（84）／胭脂紅色（85）

20×30cm

布襯（薄的不織布） 20×25cm

4連鑰匙座配件

（胭脂紅色Y54／N、冰雪灰色Y54／BG）

　1個

直徑1.25cm的四合釦

（胭脂紅色／E10 No.5黃銅釦、

冰藍色／E10 No.5四合釦N） 1組

[裁布圖]

富士金梅8號帆布Vintage Canvas

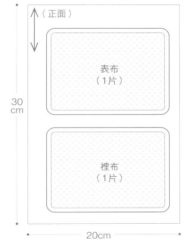

※縫份0.8cm

※ ▭ 貼上布襯

1 貼上布襯

2 裝上金屬配件

3 將表布&裡布縫合

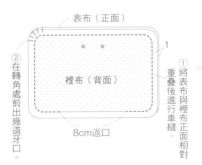

4 裝上四合釦

完成圖

10.5

5

多功能收納袋

photo P.7

[完成尺寸]
小／寬10×高7cm
中／寬18×高11cm
大／寬24×高17cm

[紙型]
P.46（轉角處）

[材料]
富士金梅8號帆布Vintage Canvas
小／焦茶色（17）、淡茶色（23）　各15×25cm
布襯（薄的不織布）　10×20cm
直徑1.5cm的押釦（M181／AT）　1組

中／沙棕色（26）、焦茶色（17）　各25×35cm
布襯（薄的不織布）　18×30cm
寬3.5cm的旋轉釦（CT-132橢圓／AT）　1組

大／淡茶色（23）、沙棕色（26）　各30×50cm
布襯（薄的不織布）　25×50cm
壓釦（A16#251／AT）　1組

[作法] 單位：cm

[裁布圖]

（表布&裡布相同）
富士金梅8號帆布
Vintage Canvas

（正面）表布・裡布
（各1片）

6/9/14

7/11/17

袋底

6/10/16

10/18/24

25／35／50 cm

15/25/30cm

※數字由左（上）起為小／中／大尺寸
※縫份小為0.5cm、中・大為0.8cm
※在 □□□ 貼上布襯

1 貼上布襯

表布（背面）

裡布（背面）

在布邊內側貼上布襯

2 在表布裝上金屬配件

小

表布（正面）

押釦（凹面）

4

中

表布（正面）

旋轉釦（凸面）

6

大

表布（正面）

旋轉釦（凹面）

壓釦（凹面）

11

3 將表布&裡布縫合

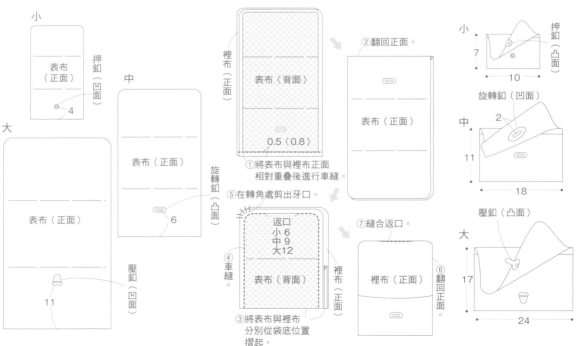

裡布（正面）

表布（背面）

0.5（0.8）

①將表布與裡布正面相對重疊後進行車縫。

②翻回正面。

表布（正面）

⑤在轉角處剪出牙口。

返口
小 6
中 9
大 12

表布（背面）

裡布（正面）

④車縫。

③將表布與裡布分別從袋底位置摺起。

⑦縫合返口。

裡布（正面）

⑥翻回正面。

4 在翻蓋裝上金屬配件

小

押釦（凸面）

7

10

中

旋轉釦（凹面）

2

11

18

壓釦（凸面）

大

17

24

捲式工具包

photo P.8

[完成尺寸]
（展開的狀態）
寬30×高22cm

[材料]
富士金梅8號帆布Vintage Canvas
暗卡其色（68） 40×50cm
0.3cm寬的皮繩 70cm
直徑2cm的皮革鈕釦 1個

[裁布圖]
富士金梅8號帆布Vintage Canvas

（0）
6
30
6 翻蓋的褶線
（2）
50cm
（2）
袋身
（1片） 44
9
（正面）
10 口袋的褶線
（2）
40cm

※（ ）內的數字表示縫份。
　除了指定之外，其餘縫份皆為1cm。

[作法] 單位：cm

1 將縫份摺起

1
①摺起。
1
袋身（背面）

1
②繼續翻摺。
1
袋身（背面）

2 車縫翻蓋＆口袋

壓出褶線後攤開

袋身（背面）

①摺1cm。
②再摺1cm。 0.2
0.2 ③車縫。

6 ⑥將翻蓋摺起。
摺雙
⑦車縫。 1
袋身（正面）
10
1 袋身（背面）
⑤車縫。 摺雙 ④將口袋摺起。

0.8 ⑩接著車縫兩側＆翻蓋。
0.8
袋身（背面）
⑧翻回正面後
摺三褶
⑨車縫間隔袋

3 將翻蓋摺起，進行車縫

0.8 將翻蓋摺起，進行車縫
袋身（背面） 摺雙

4 將皮革鈕釦綁在皮繩上後，縫於袋身

①割出一條1.5cm的線。
1.5
皮繩
④將皮革鈕釦穿過環形孔。
②穿過割痕。

③縫上鈕釦。
袋身（正面）
1

完成圖

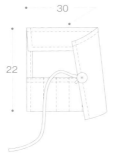

30
22

袋中袋收納包

photo P.9

[完成尺寸]
寬24×高16×袋底6cm

[材料]
富士金梅8號帆布Vintage Canvas
深紅色（15） 85×50cm
20cm拉鍊 1條
2cm寬的斜紋帶 90cm
0.5cm寬的小皮片 46cm

[裁布圖]

富士金梅8號帆布Vintage Canvas

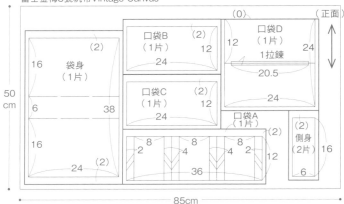

（0） （正面）

口袋B
（1片）（2） 12
24

口袋D
（1片） 24
1拉鍊 12
20.5

口袋C
（1片）（2） 12
24

（2）

袋身
（1片）
16

口袋A
（1片）

6   38

側身
（2片）（2）
16

16

8   8   8
2   4   4   2
24（2）   36   12

6

50
cm

85cm

※（ ）內的數字表示縫份。除了指定之外，其餘縫份皆為1cm。

[作法] 單位：cm

1 車縫包包＆口袋的袋口

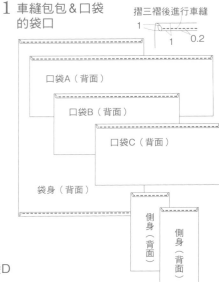

摺三褶後進行車縫
1
1   0.2

口袋A（背面）
口袋B（背面）
口袋C（背面）

袋身（背面）

側身（背面）
側身（背面）

2 縫製口袋A

口袋A（背面）

1 ①將縫份摺起。

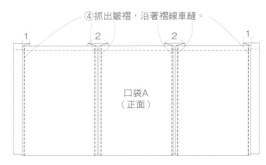

④抓出皺褶，沿著褶線車縫。

1   2   2   1

口袋A
（正面）

3 縫製口袋D

②以白膠黏合。

①將10cm的小皮片穿過拉鍊拉頭後對摺。

③在中央車出一條線。

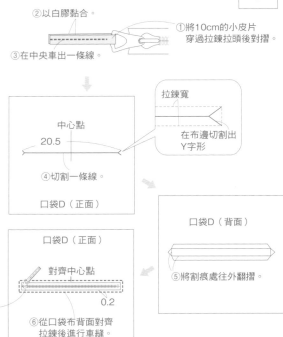

中心點
20.5

拉鍊寬

在布邊切割出Y字形

④切割一條線。
口袋D（正面）

口袋D（背面）

⑤將割痕處往外翻摺。

口袋D（正面）

對齊中心點
0.2

拉鍊（正面）

⑥從口袋布背面對齊拉鍊後進行車縫。

4 在袋身縫上口袋A＆B

16

①車縫。

1

口袋B（背面）

袋身（背面）

④沿著皺褶的中心線進行車縫。

③疏縫固定。

口袋A（正面）

②將口袋A的袋底對齊①的縫線。

口袋B（正面）

袋身（正面）

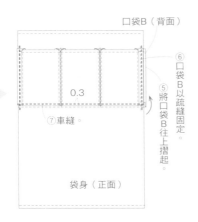

口袋B（背面）

⑥口袋B以疏縫固定。

0.3

⑦車縫。

⑤將口袋B往上摺起。

袋身（正面）

5 在袋身縫上口袋C＆D

口袋B（正面）

口袋D（正面）

①沿著拉鍊的中心線對摺。

1

16

②與袋身背面對齊重疊後進行車縫。

袋身（背面）

③將口袋C往內摺1cm後重疊於袋身。

口袋C（正面）

袋身（正面）

④沿著中心線車縫，形成兩個間隔袋。

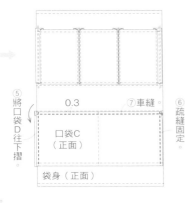

⑤將口袋D往下摺。

0.3

⑦車縫。

⑥疏縫固定。

口袋C（正面）

袋身（正面）

6 將袋身＆側身縫合

①將袋身與側身正面相對後進行車縫。

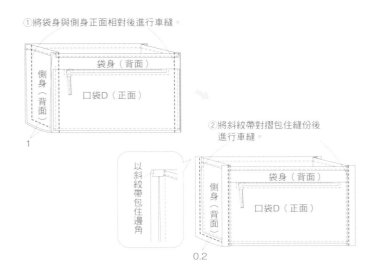

側身（背面）

袋身（背面）

口袋D（正面）

1

以斜紋帶包住邊角

②將斜紋帶對摺包住縫份後進行車縫。

袋身（背面）

側身（背面）

口袋D（正面）

0.2

7 縫上提把

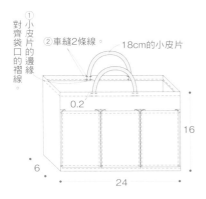

①小皮片對齊袋口的邊緣對齊袋口的摺線。

②車縫2條線。

18cm的小皮片

0.2

16

6

24

橫長形托特包

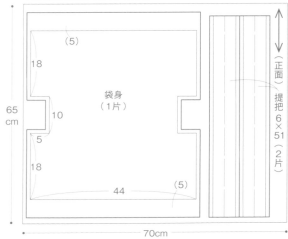

［完成尺寸］
寬34×高18×袋底10cm

［材料］
8號酵素洗帆布
黑色／原色　70×65cm
栗米色　50×25cm
2cm寬的斜紋帶　80cm

photo P..2

［裁布圖］

8號酵素洗帆布（黑色／原色）

(5)

18

65
cm

10

袋身
（1片）

5

18

44 (5)

（正面）
提把 6×51（2片）

70cm

8號酵素洗帆布
（栗米色）

（正面）

50
cm

底布
（1片）　44

10

4.5　5　4.5

25cm

※（ ）內的數字表示縫份。
　除了指定之外，其餘縫份皆為1cm。

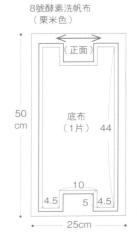

［作法］單位：cm

1 縫製提把

①將兩邊摺起。

1

提把（背面）

6

1

0.2

②對摺。

0.2

③車縫。

提把（正面）

3

2 將提把縫於袋身

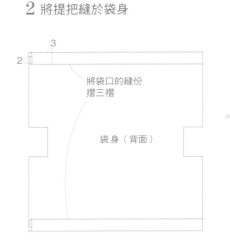

3

2

將袋口的縫份
摺三褶

袋身（背面）

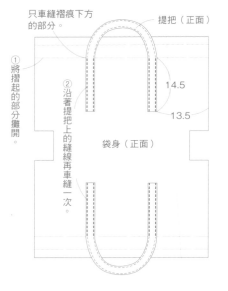

只車縫褶痕下方
的部分。

提把（正面）

①將摺起的部分攤開。

②沿著提把上的縫線再車縫一次。

14.5

13.5

袋身（正面）

3 在袋身縫上底布

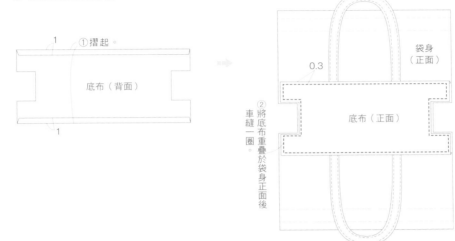

①摺起。

底布（背面）

1

1

②將底布重疊於袋身正面後車縫一圈。

0.3

袋身（正面）

底布（正面）

4 車縫袋身兩側

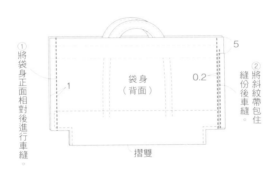

①將袋身正面相對後進行車縫。

1

袋身（背面）

0.2

5

②將斜紋帶包住縫份後車縫。

摺雙

5 車縫側身

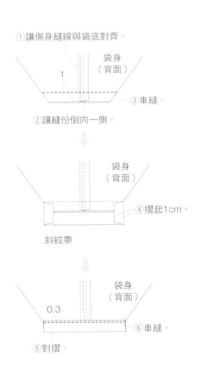

①讓側身縫線與袋底對齊。

袋身（背面）

1

③車縫。

②讓縫份倒向一側。

袋身（背面）

④摺起1cm。

斜紋帶

袋身（背面）

0.3

⑥車縫。

⑤對摺。

6 車縫袋口

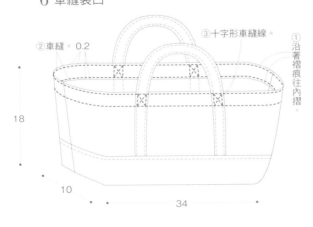

②車縫。0.2

③十字形車縫線。

①沿著褶痕往內摺。

18

10

34

波士頓包

photo P.14

[完成尺寸]
寬40×高30×袋底14cm

[紙型]
P.47（袋身、內側口袋）

[材料]
8號酵素洗加工帆布
棕色（41）　寬90cm×140cm
60cm的雙頭拉鍊　1條
2.5cm寬的斜紋帶　350cm
內徑3cm的圓環扣頭　4個
0.5cm的雙面膠

[裁布圖]

8號酵素洗帆布

內側口袋B
（1片）　18

（0）　（0）

18

4

5

扣耳
（2片）

袋底
（2）　11

提把C
6×33
（4片）

（正面）

提把B
6×50
（2片）

（0）

（0）

（0）

（2）

內側口袋A
（1片）

14

提把A
6×62
（2片）

（0）

下側身
（1片）

75

上側身
（1片）

6.5

61

袋身
（2片）

側身縫合位置

（0）

12

袋底
（1片）

36

（0）

12.5　袋身

側身縫合位置

140
cm

90cm

※（　）內的數字表示縫份。
　除了指定之外，其餘縫份皆為1cm。

[作法] 單位：cm

1 縫製內側口袋A

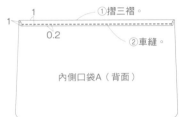

1

1

①摺三褶。

0.2

②車縫

內側口袋A（背面）

2 縫製內側口袋B

內側口袋B
（背面）

②車縫。

1

1

0.2

①將袋口摺三褶後
進行車縫。

內側口袋B
（背面）

11

0.5

④
疏縫。

③將底部摺起。

斜紋帶

內側口袋B
（正面）

0.2

1.5

⑤以斜紋帶包住縫份進行車縫（請參照P.40後）

3 將提把A‧B縫合

提把B（正面）

①將布邊對齊中心線摺起。

在內側塗上接著劑，
以防止布邊綻開

提把A（正面）

提把B（正面）

提把A（正面）

1

1

③車縫兩邊

0.3

1

1

②對齊提把的中心點，將提把A及B背面相對疊合。

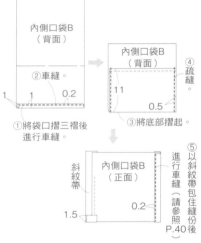

58

4 在袋身縫上提把

提把C（正面）

① 將布邊對齊中心線摺起。

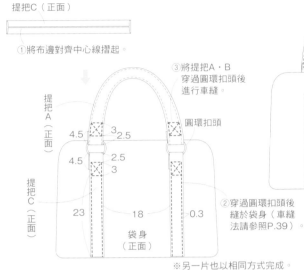

③ 將提把A‧B穿過圓環扣頭後進行車縫。

提把A（正面）

4.5　3　2.5
4.5　　2.5
　　　　3

圓環扣頭

提把C（正面）

23　　18　　0.3

袋身（正面）

② 穿過圓環扣頭後縫於袋身（車縫法請參照P.39）

※ 另一片也以相同方式完成。

5 在袋身縫上內側口袋

疏縫

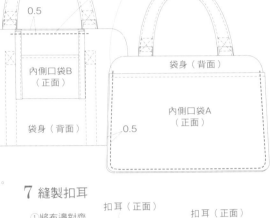

0.5

內側口袋B（正面）

袋身（背面）

袋身（背面）

內側口袋A（正面）

0.5

7 縫製扣耳

① 將布邊對齊中心線摺起。

扣耳（正面）

0.2

② 車縫。

扣耳（正面）

0.5　對摺後進行疏縫。

6 縫製下側身

2

① Z字形車縫。

袋底（正面）

0.5

下側身（背面）

② 車縫一圈。　2

③ 將車縫完的線尾從背面拉出，打個結。

8 縫製上側身

上側身（背面）　1　② 摺起。

① Z字形車縫。

③ 車縫。　1.2　上側身（正面）

1.5　0.5　0.2　拉鍊（正面）　上側身（正面）　1.5

④ 車縫時，讓縫份倒向下側身的那一側。　上側身（正面）

0.5

下側身（背面）

9 將上側身＆下側身縫合

① 將扣耳夾於上下側身的布條後，疏縫固定。

上側身（正面）　1

下側身（背面）

袋底（正面）

① ①

② 將上側身＆下側身正面相對疊合後進行車縫。

③ Z字形車縫。

10 將袋底＆袋身縫合

將提把放進袋內，並將拉鍊拉開

在轉角處剪出牙口

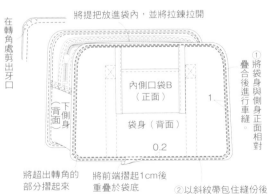

內側口袋B（正面）

背面　下側身

袋身（背面）

1

0.2

① 將袋身與側身正面相對疊合後進行車縫。

② 以斜紋帶包住縫份後進行車縫。

將超出轉角的部分摺起來

將前端摺起1cm後重疊於袋底

完成圖

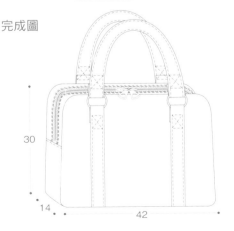

30

14　　42

筒形托特包

photo P.16

[完成尺寸]
口寬45×高36×袋底20cm

[材料]
8號帆布
煙燻棕（81） 寬92cm×50cm
400帆布
原色（1） 寬92cm×50cm
2.5cm寬的斜紋帶250cm
0.5cm寬的布用雙面膠

[裁布圖]

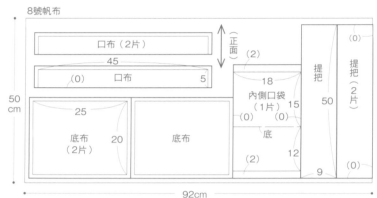

8號帆布

口布（2片）
（正面）
（2）
45
（0） 口布 5
18
內側口袋
（1片） 15
提把
50
提把
（2片）
（0）
50cm
25
底布
（2片） 20
底布
（0） （0）
底
（2） 12 （0）
9
92cm

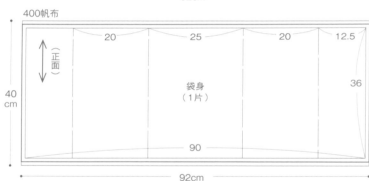

400帆布

（正面）
20 25 20 12.5
36
袋身
（1片）
40cm
90
92cm

※（ ）內的數字表示縫份。除了指定之外，其餘縫份皆為1cm。

[作法] 單位：cm

1 縫製提把

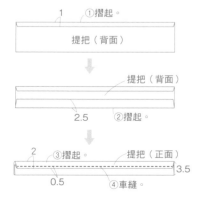

①摺起。
1
提把（背面）

提把（背面）
2.5 ②摺起。

2 ③摺起。 提把（正面）
0.5 ④車縫。 3.5

2 縫製內側口袋

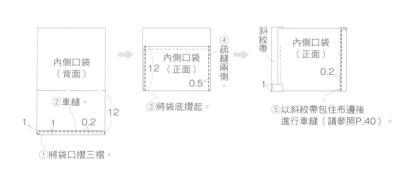

內側口袋
（背面）
②車縫。
1 1 0.2
12
①將袋口摺三褶。

內側口袋
12 （正面）
0.5
③將袋底摺起。
④疏縫兩側。

斜紋帶
內側口袋
（正面）
0.2
1
⑤以斜紋帶包住布邊後
進行車縫（請參照P.40）。

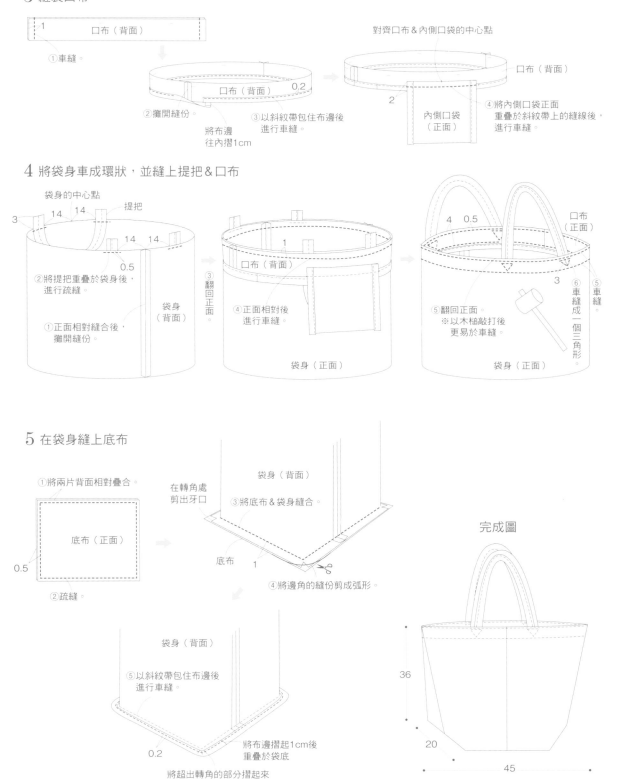

3 縫製口布

1
口布（背面）

①車縫。

②攤開縫份

將布邊
往內摺1cm

口布（背面）
0.2

③以斜紋帶包住布邊後
進行車縫。

對齊口布＆內側口袋的中心點

口布（背面）

2

內側口袋
（正面）

④將內側口袋正面
重疊於斜紋帶上的縫線後，
進行車縫。

4 將袋身車成環狀，並縫上提把＆口布

袋身的中心點

提把

3
14   14
14   14
0.5

②將提把重疊於袋身後，
進行疏縫。

①正面相對縫合後，
攤開縫份。

袋身
（背面）

③翻回正面。

1

口布（背面）

④正面相對後
進行車縫。

袋身（正面）

4   0.5

口布
（正面）

⑤翻回正面。
※以木槌敲打後
更易於車縫。

袋身（正面）

3

⑥車縫成一個三角形。

⑤車縫。

5 在袋身縫上底布

①將兩片背面相對疊合。

底布（正面）

0.5

②疏縫。

在轉角處
剪出牙口

袋身（背面）

③將底布＆袋身縫合。

底布   1

④將邊角的縫份剪成弧形。

完成圖

袋身（背面）

⑤以斜紋帶包住布邊後
進行車縫。

0.2

將布邊摺起1cm後
重疊於袋底

將超出轉角的部分摺起來

36

20

45

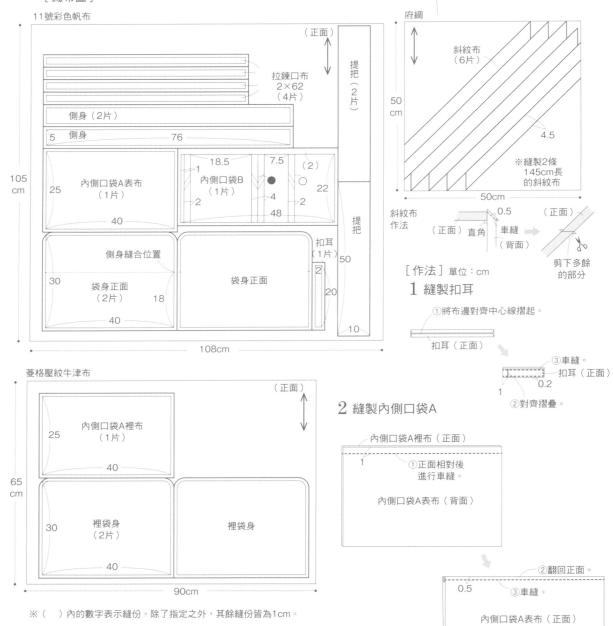

公事包

photo P.18

[完成尺寸]
寬約40×高30×袋底5cm

[紙型]
P.46（轉角處）

[材料]
11號彩色帆布
墨黑色（49）　寬108cm×105cm
菱格壓紋牛津布　90cm×65cm
府綢　50×50cm
直徑1.3cm的按釦　1個
60cm的雙頭拉鍊（寬3.3cm）　1條

[裁布圖]

11號彩色帆布

（正面）

拉鍊口布
2×62
（4片）

提把（2片）

側身（2片）

5　側身　76

18.5　7.5　（2）

1
內側口袋A表布
（1片）
25　　40

內側口袋B
（1片）
2　4　2
48

22

提把

105
cm

扣耳
（1片）

側身縫合位置
30　袋身正面
（2片）　18
40

袋身正面

2　20
50

10

108cm

府綢

斜紋布
（6片）

50
cm

4.5

※縫製2條
145cm長
的斜紋布

50cm

斜紋布
作法

（正面）直角

0.5
（正面）
車縫
（背面）

剪下多餘
的部分

[作法] 單位：cm

1 縫製扣耳

①將布邊對齊中心線摺起。

扣耳（正面）

③車縫
扣耳（正面）
0.2
1
②對齊摺疊。

2 縫製內側口袋A

內側口袋A裡布（正面）

1
①正面相對後
進行車縫。

內側口袋A表布（背面）

②翻回正面。
0.5　③車縫。

內側口袋A表布（正面）

菱格壓紋牛津布

（正面）

內側口袋A裡布
（1片）
25　　40

65
cm

裡袋身
（2片）
30　　40

裡袋身

90cm

※（　）內的數字表示縫份。除了指定之外，其餘縫份皆為1cm。

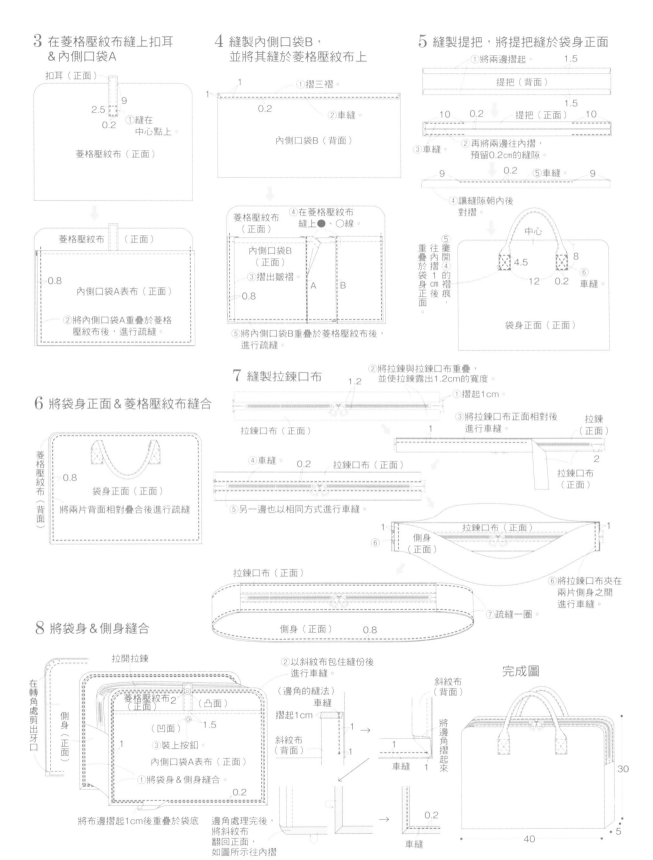

3 在菱格壓紋布縫上扣耳
＆內側口袋A

扣耳（正面）
9
2.5
0.2
①縫在
中心點上。
菱格壓紋布（正面）

菱格壓紋布　　（正面）
0.8
內側口袋A表布（正面）
②將內側口袋A重疊於菱格
壓紋布後，進行疏縫。

4 縫製內側口袋B，
並將其縫於菱格壓紋布上

1
①摺三褶。
1
0.2
②車縫
內側口袋B（背面）

菱格壓紋布
（正面）
④在菱格壓紋布
縫上●、○線。
內側口袋B
（正面）
③摺出皺褶。
0.8
A　B
⑤將內側口袋B重疊於菱格壓紋布後，
進行疏縫。

5 縫製提把，將提把縫於袋身正面

①將兩邊摺起。　1.5
提把（背面）
1.5
10　0.2　提把（正面）　10
③車縫。
②再將兩邊往內摺，
預留0.2cm的縫隙。
9　0.2　⑤車縫　9
④讓縫隙朝內後
對摺。

⑤攤開④的褶痕，往內摺1cm後重疊於袋身正面
中心
4.5　8
12　0.2　⑥車縫
袋身正面（正面）

6 將袋身正面＆菱格壓紋布縫合

菱格壓紋布（背面）
0.8
袋身正面（正面）
將兩片背面相對疊合後進行疏縫

7 縫製拉鍊口布

1.2
②將拉鍊與拉鍊口布重疊，
並使拉鍊露出1.2cm的寬度。
①摺起1cm。
拉鍊口布（正面）
③將拉鍊口布正面相對後
進行車縫。
拉鍊（正面）
1
2
拉鍊口布（正面）

④車縫。　0.2　拉鍊口布（正面）
⑤另一邊也以相同方式進行車縫。

1
拉鍊口布（正面）
1
⑥
側身（正面）
⑥將拉鍊口布夾在
兩片側身之間
進行車縫。

拉鍊口布（正面）
側身（正面）　0.8
⑦疏縫一圈。

8 將袋身＆側身縫合

拉開拉鍊
在轉角處剪出牙口
側身（正面）
菱格壓紋布2（凸面）（正面）
（凹面）　1.5
③裝上按釦。
內側口袋A表布（正面）
1
①將袋身＆側身縫合。
0.2
將布邊摺起1cm後重疊於袋底

②以斜紋布包住縫份後
進行車縫。
〈邊角的縫法〉
車縫
摺起1cm
斜紋布（背面）
1
1
車縫　1

邊角處理完後，
將斜紋布
翻回正面，
如圖所示往內摺

斜紋布（背面）
將邊角摺起來
1
0.2
車縫

完成圖
30
40
5

63

單提把肩背包

photo P.20

[完成尺寸]
小／寬43×高35cm
大／寬50×高45cm

[材料]
富士金梅11號帆布（#5000）
小／綠色（18）　70×95cm
2cm寬的斜紋帶　80cm

大／原色（1）　80×120cm
2cm寬的斜紋帶　100cm
相同／直徑0.7cm的鉚釘釦　4個

[裁布圖]

富士金梅11號帆布

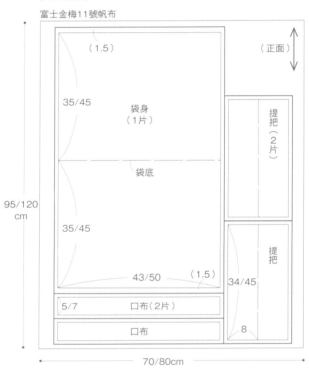

（1.5）

35/45

袋身（1片）

袋底

35/45

43/50　（1.5）

5/7　口布（2片）

口布

95/120cm

70/80cm

（正面）

提把（2片）

提把

34/45

8

※數字表示小／大背包的尺寸，只有一個數字時，表示相同的尺寸。
※（　）內的數字表示縫份。除了指定之外，其餘縫份皆為1cm。

[作法] 單位：cm

1 縫製提把

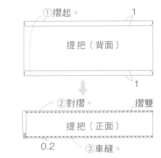

①摺起。　1

提把（背面）

1

②對摺。　摺雙

提把（正面）

0.2　③車縫。

2 縫製口布

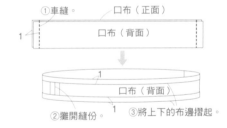

①車縫。　口布（正面）

1　口布（背面）

1

口布（背面）　1

②攤開縫份。　③將上下的布邊摺起。

3 縫製袋身

1.5

0.2

②車縫兩側。

袋身（背面）

③以斜紋帶包住布邊後進行車縫。

1

①對摺。　摺雙

斜紋帶　摺起1cm

4 縫上提把

②將提把重疊於袋身後進行車縫。

對齊中心點

1

提把（正面）

袋身（背面）

①倒向一邊（讓縫份）

③摺起。　1

提把（正面）

袋身（背面）

5 縫上口布

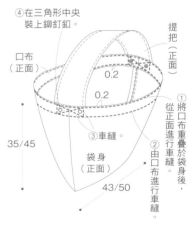

④在三角形中央裝上鉚釘釦。

口布（正面）

提把（正面）

0.2

0.2

③車縫。

35/45

袋身（正面）

43/50

①將口布重疊於袋身後，從正面進行車縫。

②由口布進行車縫。

繡線托特包

photo P.21

[完成尺寸]
寬32×高23×袋底13cm

[材料]
11號帆布55C
肉桂色（12） 65×105cm
2cm寬的斜紋帶 60cm

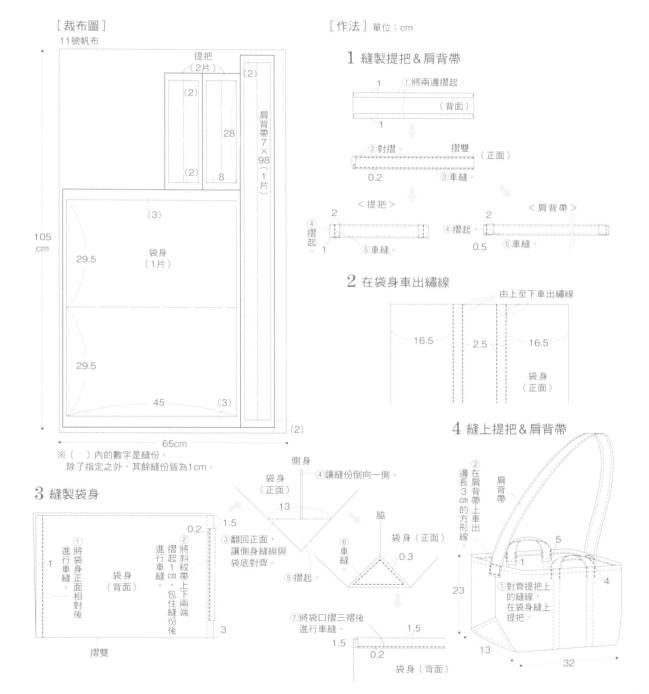

[裁布圖]
11號帆布

提把
（2片）

（2）

（2）

28

（2）

8

肩背帶7×98（1片）

（2）

（3）

105cm

29.5

袋身
（1片）

29.5

45

（3）

65cm

※（ ）內的數字是縫份。
除了指定之外，其餘縫份皆為1cm。

[作法] 單位：cm

1 縫製提把＆肩背帶

①將兩邊摺起。
（背面）

②對摺。 摺雙 （正面）
0.2 ③車縫。

<提把> 2 ④摺起。 ⑤車縫。
<肩背帶> 2 ④摺起。 0.5 ⑤車縫。

1

2 在袋身車出繡線

由上至下車出繡線
16.5 2.5 16.5
袋身
（正面）

3 縫製袋身

0.2 1.5
①將袋身正面相對後進行車縫。
1
袋身
（背面）
②將斜紋帶上下兩端摺起1cm，包住縫份後進行車縫。
3
摺雙

側身
袋身
（正面）
13
④讓縫份倒向一側。

③翻回正面，讓側身縫線與袋底對齊。
⑤摺起。

脇
袋身（正面）
0.3
⑥車縫

⑦將袋口摺三褶後進行車縫。
1.5
1.5
0.2
袋身（背面）

4 縫上提把＆肩背帶

②在肩背帶上車出邊長3cm的方形線
肩背帶
5
1
4
①對齊提把上的縫線，在袋身縫上提把。
23
13
32

兩用手提斜背包

photo P.24

［完成尺寸］
寬32×高32×袋底13cm

［紙型］
P.46（轉角處）

［材料］
11號帆布寶藍色　寬112cm×115cm
直徑1.8cm的雙折腳磁釦
（AK-38-19 AG／INAZUMA）　1個

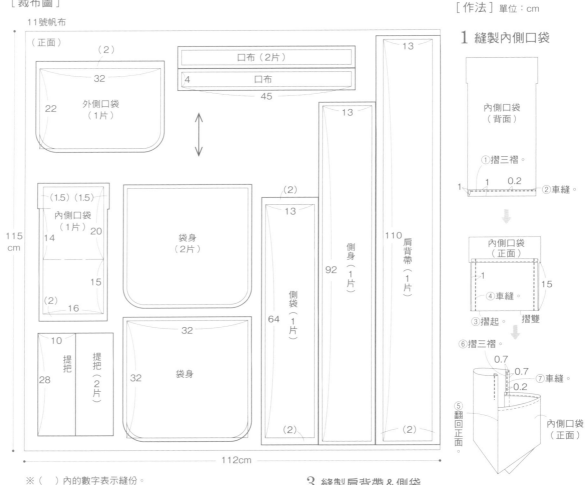

［裁布圖］

11號帆布
（正面）
（2）
口布（2片）
外側口袋
（1片）
32
22
4　口布
45
115 cm
（1.5）（1.5）
內側口袋
（1片）20
14
15
（2）16
袋身
（2片）
（2）
13
側袋
（1片）
64
13
92
側身
（1片）
13
110
肩背帶
（1片）
10
提把
提把
（2片）
28
32
袋身
32
（2）
（2）
112cm

※（　）內的數字表示縫份。
　除了指定之外，其餘縫份皆為1cm。

［作法］單位：cm

1 縫製內側口袋

內側口袋
（背面）

①摺三褶。
1　0.2
1
②車縫。

內側口袋
（正面）
1
④車縫。
15
③摺起。　摺雙

⑥摺三褶。
0.7
0.7
⑦車縫。
0.2
⑤翻回正面。
內側口袋
（正面）

2 縫製提把

提把（正面）
①將布邊對齊中心線摺起。
②對摺。
提把（正面）
0.2
0.2
③車縫。

3 縫製肩背帶＆側袋

①摺三褶。
肩背帶（背面）
1　0.2
1
②車縫。

0.2
側袋（背面）
③作法同肩背帶，摺三褶後進行車縫。

66

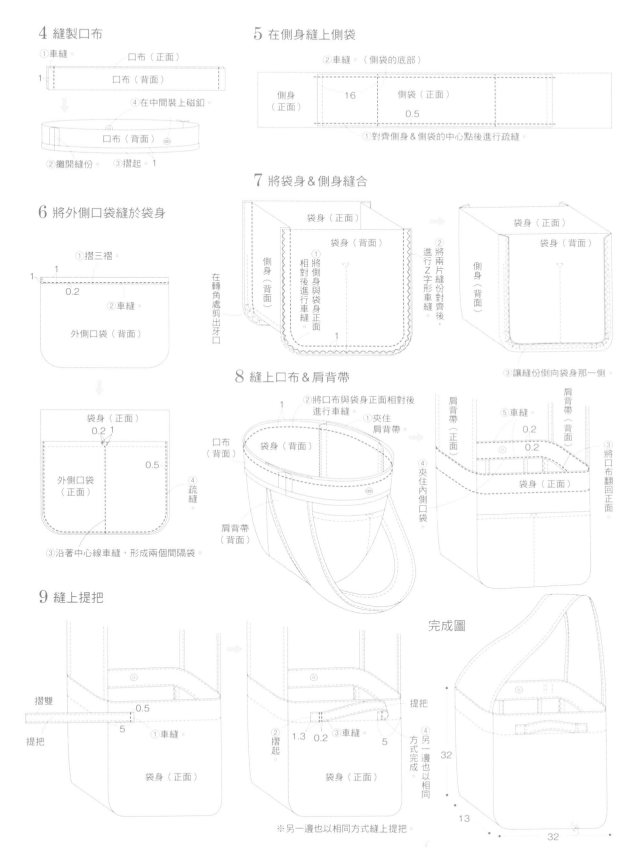

4 縫製口布

①車縫。
口布（正面）
1　口布（背面）

④在中間裝上磁釦。
口布（背面）

②攤開縫份。　③摺起。1

5 在側身縫上側袋

②車縫。（側袋的底部）
側身（正面）　16　側袋（正面）
0.5

①對齊側身&側袋的中心點後進行疏縫。

6 將外側口袋縫於袋身

①摺三褶。
1
1
0.2
②車縫。
外側口袋（背面）

袋身（正面）
0.2　1
0.5
外側口袋（正面）
④疏縫。

③沿著中心線車縫，形成兩個間隔袋。

7 將袋身&側身縫合

袋身（正面）
袋身（背面）
側身（背面）
①將側身與袋身正面相對後進行車縫。
1
②將兩片縫份對齊後，進行Z字形車縫。
在轉角處剪出牙口

袋身（正面）
袋身（背面）
側身（背面）
③讓縫份倒向袋身那一側。

8 縫上口布&肩背帶

口布（背面）
袋身（背面）
②將口布與袋身正面相對後進行車縫。
1
①夾住肩背帶。
④夾住內側口袋。
肩背帶（背面）

肩背帶（正面）
肩背帶（背面）
⑤車縫。
0.2
0.2
袋身（正面）
③將口布翻回正面。

9 縫上提把

摺雙
提把
0.5
5
①車縫。
袋身（正面）

②摺起
1.3　0.2
③車縫。
5
④另一邊也以相同方式完成。
提把
袋身（正面）

※另一邊也以相同方式縫上提把。

完成圖

提把
32
13
32

束口水桶肩背包

photo P.26

[完成尺寸]
寬19×高30×袋底19cm

[紙型]
P.46（轉角處）

[材料]
富士金梅8號帆布（#8000防潑水）
原色（1） 寬90cm×45cm
黑色（3） 寬100cm×55cm
2.5cm寬的斜紋帶 150cm
內徑1cm的雞眼釦 12個
0.5cm寬的皮繩 140cm

[裁布圖]

富士金梅8號帆布（黑色）

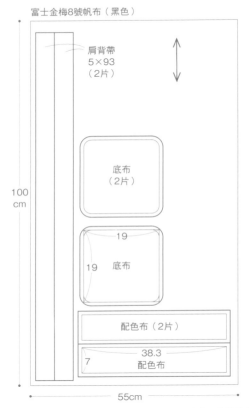

肩背帶
5×93
（2片）

底布
（2片）

19
19 底布

配色布（2片）

38.3
7 配色布

100cm

55cm

富士金梅8號帆布（原色）

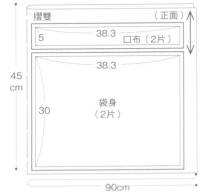

摺雙 （正面）
5 38.3 口布（2片）

38.3
袋身
（2片）
45cm
30

90cm

[作法] 單位：cm

※（ ）內的數字表示縫份。除了指定之外，其餘縫份皆為1cm。

1 縫製肩背帶

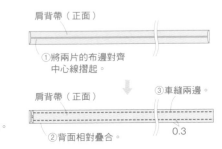

肩背帶（正面）

①將兩片的布邊對齊
中心線摺起。

肩背帶（正面）
③車縫兩邊。

②背面相對疊合。
0.3

2 縫製口布

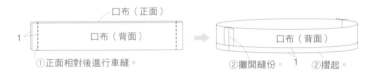

口布（正面）
1 口布（背面）

①正面相對後進行車縫。

口布（背面）
②攤開縫份。 1 ②摺起。

3 縫製底布

①將2片底布背面相對疊合。

0.5

底布（正面）

②疏縫。

4 在袋身縫上配色布

1
①摺起。

配色布（背面）

袋身（正面）

②將配色布重疊於
袋身後進行車縫。

摺雙 0.2

配色布（正面）

※另一片也以相同方式完成。

5 車縫袋身兩側

1

①車縫兩側

4

袋身（背面）

0.2

②以斜紋帶包住布邊後進行車縫。

6 在袋身縫上底布

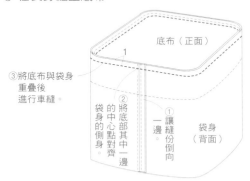

底布（正面）

1

③將底布與袋身重疊後進行車縫。

②將底部其中一邊袋身的中心點對齊。

①讓縫份倒向一邊。

袋身（背面）

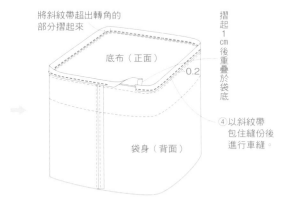

將斜紋帶超出轉角的部分摺起來

底布（正面）

摺起1cm後重疊於袋底

0.2

④以斜紋帶包住縫份後進行車縫。

袋身（背面）

7 在袋身縫上肩背帶&口布

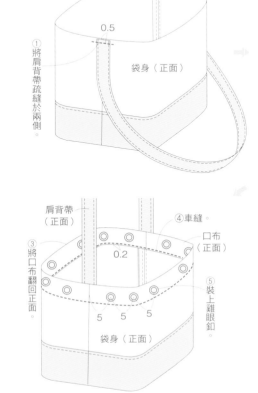

0.5

①將肩背帶疏縫於兩側。

袋身（正面）

②將口布重疊於袋身後進行車縫。

口布（背面）

1

袋身（正面）

肩背帶（正面）

④車縫。

口布（正面）

③將口布翻回正面。

0.2

⑤裝上雞眼釦。

5　5　5

袋身（正面）

8 穿上皮繩

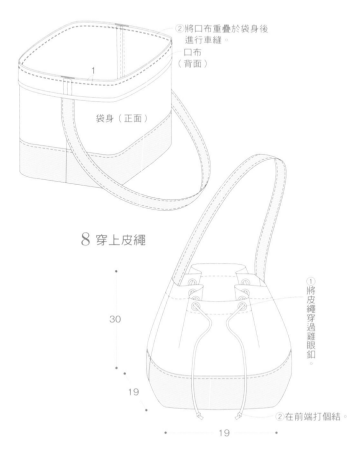

30

19

19

①將皮繩穿過雞眼釦。

②在前端打個結。

迷你肩背包

photo P.27

[完成尺寸]

口寬17×高22×袋底2cm

[材料]

11號帆布55C
A色／原色（01）　55×30cm
土耳其藍（53）　45×30cm
B色／黃色（27）　55×30cm
紫羅蘭色（22）　45×30cm
肩背帶
（YAT-1429 #870焦茶色／INAZUMA）　1條
內徑2.5cm的D型環
（AK-6-31 AG／INAZUMA）　2個
內徑1cm的D型環　1個
直徑1.3cm的按釦　1個

[裁布圖]

11號帆布55C（A原色／B黃色）

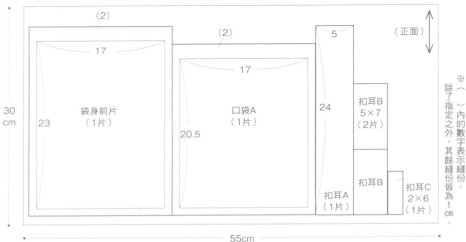

※除了（　）內指定之外，其餘縫份皆為1cm。（　）內的數字表示縫份。

11號帆布55C（A土耳其藍／B紫羅蘭色）

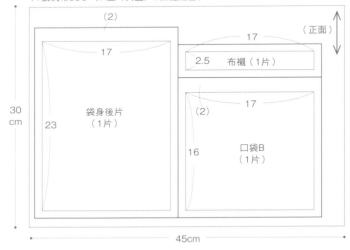

[作法] 單位：cm

1　縫製扣耳A

扣耳A（正面）

①將布邊對齊中心線摺起。

扣耳A（正面）　0.2

摺雙
②對摺。
③車縫。
0.2

2　縫製扣耳B

扣耳B（正面）0.2

①將布邊對齊中心線摺起。
0.2
②車縫。

扣耳B（正面）

③將扣耳對摺後穿過2.5cm的D型環。

0.5　④疏縫。

※縫製2條

3　縫製扣耳C

扣耳C（正面）
0.2

①將布邊對齊中心線摺起。
0.2
②車縫。

4 將口袋＆袋身的袋口摺起

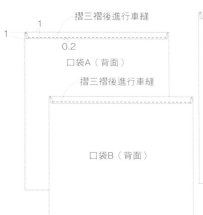

摺三褶後進行車縫
1
0.2
口袋A（背面）

摺三褶後進行車縫

口袋B（背面）

熨燙成三褶

袋身前片（背面）

袋身後片（背面）

5 在袋身前片縫上口袋

袋身前片（正面）
口袋A（正面）
口袋B（正面）
0.8

Z字形車縫。

①將3片重疊後進行疏縫。

6 在袋身後片縫上扣耳＆布襯

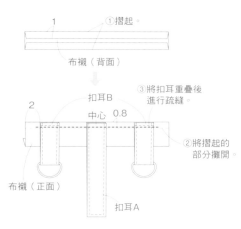

1
①摺起。
布襯（背面）

2
扣耳B
中心　0.8
③將扣耳重疊後進行疏縫。
②將摺起的部分攤開。
布襯（正面）
扣耳A

7 將袋身前片＆袋身後片縫合

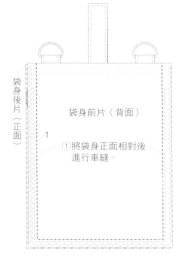

袋身後片（正面）
袋身前片（背面）
1
①將袋身正面相對後進行車縫。

③讓側身縫線與袋底對齊。

袋身前片（背面）　袋身後片（背面）
2
②讓側身的縫份倒向袋身後側；袋底的縫份倒向袋身前側。
④車縫。

布襯（正面）
0.2
④沿著褶痕摺起，將布襯重疊於袋身後片。
⑤車縫。
袋身後片（正面）
⑥Z字形車縫

8 車縫袋口，並縫上按釦＆扣耳C

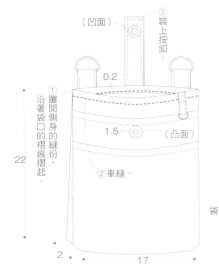

（凹面）
③裝上按釦
①攤開側身的縫份，沿著袋口的褶痕摺起。
0.2
1.5　（凸面）
②車縫。
22
2　17

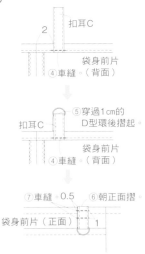

2　扣耳C
袋身前片（背面）
④車縫。（背面）

扣耳C
⑤穿過1cm的D型環後摺起。
袋身前片（背面）
④車縫。（背面）

⑦車縫。0.5　⑥朝正面摺
袋身前片（正面）　1

71

基本款背包

photo P.28

[完成尺寸]
寬28cm×高37cm×袋底14cm

[紙型]
P.46（袋蓋）

[材料]
富士金梅11號帆布（＃5000）
芥末黃（60） 寬112cm×150cm
2.5cm寬的織帶 195cm
2.5cm寬的插扣 1個
2.5cm寬用的塑膠日型環 2個
長型調節環 1個
直徑0.5cm的彩色繩子 115cm
內徑0.6cm雙面雞眼環 12個

[裁布圖]
11號帆布

（正面）

摺雙

23

袋蓋表布
袋蓋裡布
（各1片）

23.5

5
1.2

肩背帶表布 2片

肩背帶裡布 2片

（2）

內側口袋
（1片）

15

16

50

吊環
6×19
（1片）

（0）

4 1

（2）

側身
（2片）

袋身正面
（2片）

37

150
cm

脇口袋
（1片）

102

28

74

袋身背面
（2片）

37

14

（2）

14

28

112cm

※（ ）內的數字表示縫份。除了指定之外，其餘縫份皆為1cm。

[作法] 單位：cm

1 縫製肩背帶

①將織帶重疊於肩背帶上後進行疏縫。

肩背帶表布（正面）

0.8

40cm的織帶

③剪下縫份。

肩背帶表布（正面）

0.2 1 肩背帶裡布（背面）

②正面相對車縫。

④從兩片中間拉出織帶後翻回正面。

⑤車縫。

肩背帶表布（正面）

織帶

2 縫製袋蓋

袋蓋表布（正面）

插扣（凹面）

0.8

②疏縫。

①將8.5cm的織帶穿過插扣

袋蓋裡布（背面）

③將袋蓋表布與裡布的正面相對後進行車縫。

1

0.2

袋蓋表布（正面）

④剪下。

⑤翻回正面。

袋蓋裡布（背面）

0.2

⑥車縫。

袋蓋表布（正面）

3 縫製吊環

①將布邊對齊中心線摺起。

吊環（正面）

②對摺。

吊環（正面）

③車縫。

0.2

4 縫製內側口袋

①摺三褶後進行車縫。

1
1   0.2

內側口袋
（背面）

內側口袋
（背面）

1

②Z字形車縫。

③將縫份摺起

對齊中心點

0.5   11

內側口袋
（正面）   0.2

④車縫。

袋身後片裡布
（正面）

5 縫製袋身前片表布

30cm的織帶

插扣（凸面）

③穿過插扣   0.2
①摺起1.5cm   0.5

②車縫。

袋身前片表布
（正面）

0.2   9

④車縫。

對齊中心點

6 縫製袋身後片表布

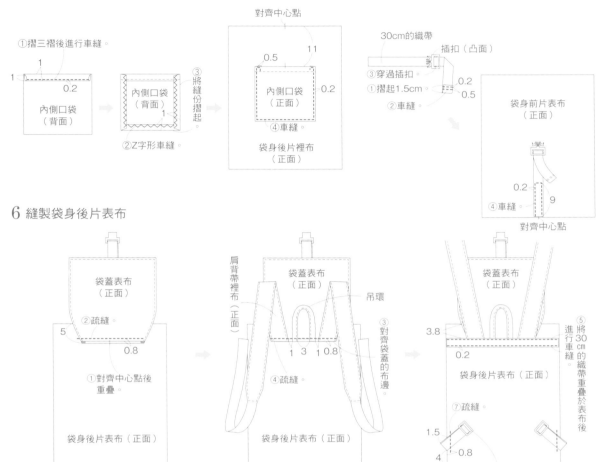

袋蓋表布
（正面）

②疏縫。

5

0.8

①對齊中心點後
重疊。

袋身後片表布（正面）

肩背帶裡布
（正面）

袋蓋表布
（正面）

吊環

1 3 1 0.8

④疏縫。

③對齊袋蓋的布邊。

袋身後片表布（正面）

袋蓋表布
（正面）

3.8

0.2

袋身後片表布（正面）

⑦疏縫。

1.5

4   0.8

⑤將30㎝的織帶重疊於表布後進行車縫。

⑥將16cm的織帶穿過日型環。

7 在袋身側身縫上口袋

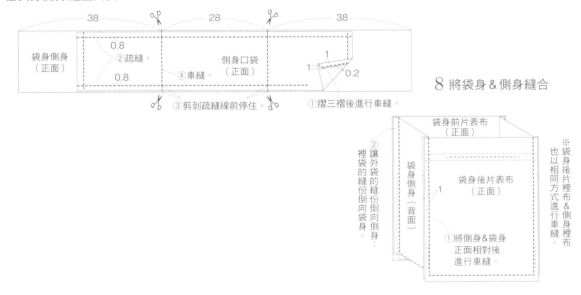

38   28   38

袋身側身
（正面）

0.8
②疏縫。

側身口袋
（正面）

④車縫。

0.8

1

1   0.2

③剪到疏縫線前停住

①摺三褶後進行車縫。

8 將袋身&側身縫合

袋身前片表布
（正面）

②讓外袋的縫份倒向側身，裡袋的縫份倒向袋身。

袋身側身
（背面）

袋身後片表布
（正面）

1

①將側身&袋身正面相對後進行車縫。

※袋身後片裡布&側身裡布也以相同方式進行車縫。

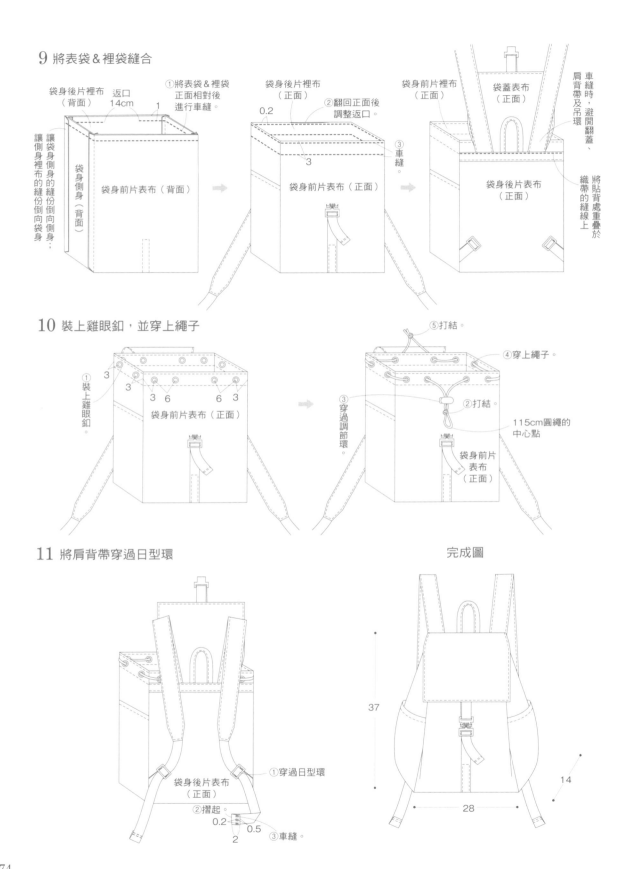

9 將表袋&裡袋縫合

袋身後片裡布
（背面）

返口
14cm

1

①將表袋&裡袋
正面相對後
進行車縫。

讓側身裡布的縫份倒向袋身；
讓袋身側身的縫份倒向側身，

袋身側身（背面）

袋身前片表布（背面）

袋身後片裡布
（正面）

0.2

②翻回正面後
調整返口。

3

③車縫。

袋身前片表布（正面）

袋身前片裡布
（正面）

袋蓋表布
（正面）

車縫時，避開翻蓋、肩背帶及吊環，

將貼背處重疊於織帶的縫線上

袋身後片表布
（正面）

10 裝上雞眼釦，並穿上繩子

①裝上雞眼釦。

3

3

3　6

6　3

袋身前片表布（正面）

⑤打結。

④穿上繩子。

③穿過調節環。

②打結。

①打結。

115cm圓繩的
中心點

袋身前片
表布
（正面）

11 將肩背帶穿過日型環

袋身後片表布
（正面）

①穿過日型環

②摺起。

0.2

0.5

2

③車縫。

完成圖

37

28

14

袋口反摺後背包

photo P.30

[完成尺寸]
寬32×高35×袋底14cm

[材料]
10號帆布（米色）　80×120cm
尼龍布（米色）　65×120cm
3cm寬的織帶　184cm
直徑1.4cm的免工具按鈕　2組
內徑3cm的日型環　2個
內徑3cm的方型環　2個
直徑0.8cm的鉚釘鈕（腳長0.8cm）　4個
1.5mm厚的底板　29×13cm

[裁布圖]

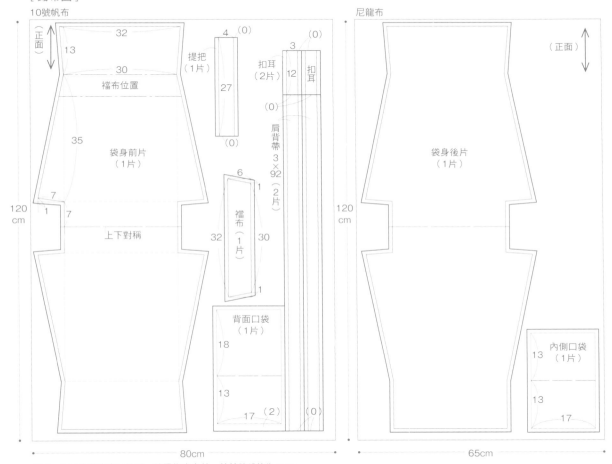

10號帆布

（正面）

32
13
30
檔布位置
35
袋身前片
（1片）
7
1　7
上下對稱

4　(0)
提把
（1片）
27
(0)
(0)

3
扣耳
（2片）
12　扣耳
(0)

肩背帶
3×92
（2片）

6
1
檔布
（1片）
32　30
1

背面口袋
（1片）
18
13
17　(2)　(0)

120cm

80cm

尼龍布

（正面）

袋身後片
（1片）

內側口袋
（1片）
13
13
17

120cm

65cm

※（　）內的數字表示縫份。除了指定之外，其餘縫份皆為1cm。

[作法] 單位：cm

1 縫製內側口袋，並將其縫於袋身後片上

①對摺。　摺雙
1　內側口袋
（背面）
返口5cm
②車縫。
0.3
④車縫。
內側口袋
（正面）
③翻回正面後
調整返口。

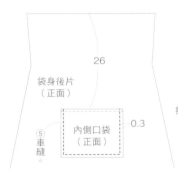

26
袋身後片
（正面）
⑤車縫。
內側口袋
（正面）
0.3

2 縫製提把

①將兩邊摺起。
1
1
提把（背面）

提把（正面）　②對摺　摺雙
0.2　③車縫。

75

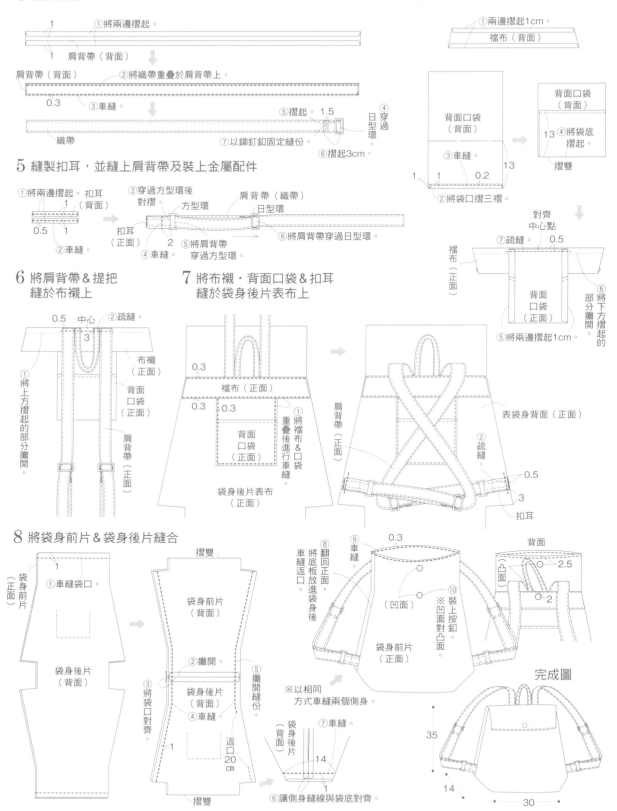

3 縫製肩背帶

①將兩邊摺起。

肩背帶（背面）　②將織帶重疊於肩背帶上。

0.3　③車縫。

織帶　⑤摺起。　1.5　④穿過日型環

⑦以鉚釘釘固定縫份。　⑥摺起3cm。

4 縫製背面口袋，並將其縫於襠布上

①兩邊摺起1cm。

襠布（背面）

背面口袋（背面）　③車縫。

1　1　0.2　13

②將袋口摺三褶。

背面口袋（背面）　13　④將袋底摺起。　摺雙

5 縫製扣耳，並縫上肩背帶及裝上金屬配件

①將兩邊摺起。　扣耳（背面）

1　0.5　1　②車縫。

③穿過方型環後對摺。　方型環　肩背帶（織帶）　日型環

扣耳（正面）　2　④車縫。　⑤將肩背帶穿過方型環。　⑥將肩背帶穿過日型環。

6 將肩背帶＆提把縫於布襯上

0.5　中心　②疏縫。

3

布襯（正面）

背面口袋（正面）

①將上方摺起的部分攤開。

肩背帶（正面）

對齊中心點

⑦疏縫。　0.5

襠布（正面）

背面口袋（正面）

⑤將兩邊摺起1cm。

⑥將下方摺起的部分攤開。

7 將布襯‧背面口袋＆扣耳縫於袋身後片表布上

0.3　襠布（正面）

0.3　0.3

背面口袋（正面）

①將襠布＆口袋重疊後進行車縫。

袋身後片表布（正面）

肩背帶（正面）

②疏縫

0.5

3

扣耳

表袋身背面（正面）

8 將袋身前片＆袋身後片縫合

1　①車縫袋口。

袋身前片（正面）

摺雙

袋身前片（背面）

袋身後片（背面）

②攤開

③將袋口對齊　袋身後片（背面）　④車縫。

⑤攤開縫份

返口20cm

⑦車縫。　袋身後片（背面）　14

⑥讓側身縫線與袋底對齊。

摺雙

⑧翻回正面，將底板放進袋身後車縫返口。

0.3　⑨車縫

（凹面）　（凹面）

⑩裝上按鈕　※凹面對凸面

袋身前片（正面）

※以相同方式車縫兩個側身。

背面　2.5　凸面　2

完成圖

35

14　30

76

方框口金後背包

photo P.32

[完成尺寸]
寬26×高36×袋底15cm

[材料]
8號酵素洗加工帆布
橄欖綠卡其色　寬90cm×100cm
尼龍水洗布　寬110cm×50cm
薄尼龍布　35×10cm
布襯　寬90cm×100cm

24×6.5cm的口金框　1個
4cm寬的織帶　220cm
直徑0.8cm的鉚釘釦（長腳型）　16個
內徑4cm的日型環　2個
內徑4cm的方型環　2個
1.1cm寬的雙褶包邊帶　30cm
1.5mm厚的底板　25×14cm
直徑1.4cm的免工具按釦　1組
43cm的樹脂拉鍊　1條

[裁布圖]

8號酵素洗帆布

（正面）

表袋身
（1片）

※尺寸同袋身後片
以中心線為主軸
裁成上下對稱的
1片

檔布（1片）
5　23.5

提把
4×58
（2片）

提把

（2）
側身口袋
17（2片）
15

（2）
側身口袋

扣耳
（2片）
5
3

100cm

90cm

尼龍水洗布

6.5

袋身後片
（2片）

36

7.5　26

0.5　7.5

袋身後片

內側口袋
（1片）
11
11
17

50cm

110cm

薄尼龍布　（正面）
扣環3×30（1片）
10cm
35cm

[作法] 單位：cm

1 縫製側身口袋

①將雙褶包邊帶摺起的部分攤開，
將包邊帶正面與側身口袋
正面相對後進行車縫。

②往上摺起。

雙褶包邊帶（背面）
1
側身口袋
（正面）

雙褶包邊帶
（正面）
側身口袋
（正面）

2　④摺起。
0.2
側身口袋
（背面）
1　1
⑤車縫
③摺起。

2 縫製內側口袋，縫上袋身後片

①對摺。
內側口袋
（背面）
返口5cm
1

②車縫。

0.3
內側口袋
（正面）

④車縫。

③翻回正面後調整返口。

袋身後片
（正面）
14

內側口袋
（正面）
0.3

⑤車縫

※（　）內的數字表示縫份。除了指定之外，其餘縫份皆為1cm。
※在 ▢ 貼上布襯。
※在 ----- 畫上記號。

77

3 縫製肩背帶

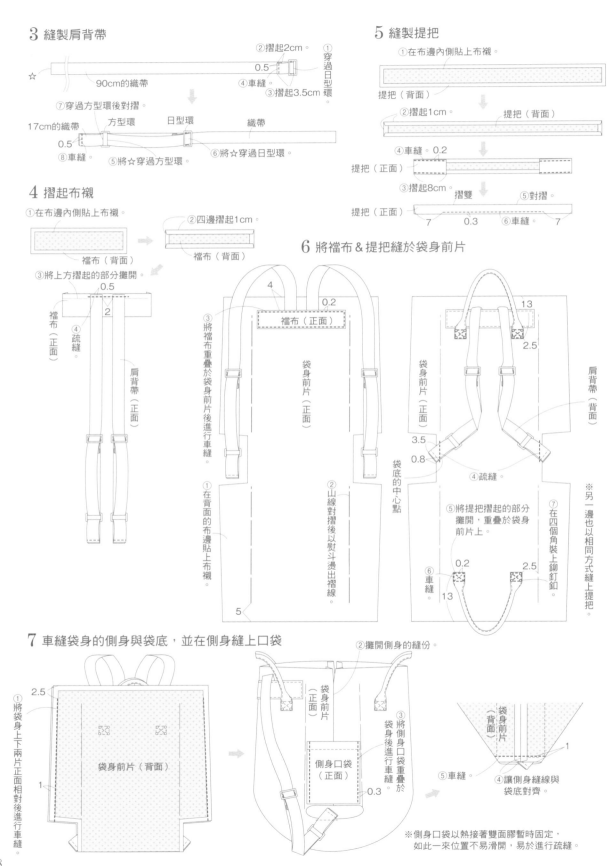

②摺起2cm。
①穿過日型環
0.5
90cm的織帶
④車縫
③摺起3.5cm。
☆
⑦穿過方型環後對摺。
17cm的織帶　方型環　日型環　織帶
0.5
⑧車縫。
⑤將☆穿過方型環
⑥將☆穿過日型環。

4 摺起布襯

①在布邊內側貼上布襯。
襠布（背面）
②四邊摺起1cm。
襠布（背面）
③將上方摺起的部分攤開。
0.5
襠布（正面）
2
④疏縫。
肩背帶（正面）

5 縫製提把

①在布邊內側貼上布襯。
提把（背面）
②摺起1cm。
提把（背面）
④車縫。0.2
提把（正面）
③摺起8cm。
摺雙
⑤對摺。
提把（正面）
7　0.3　⑥車縫。　7

6 將襠布＆提把縫於袋身前片

4
0.2
襠布（正面）
袋身前片（正面）
③將襠布重疊於袋身前片後進行車縫。
①在背面的布邊貼上布襯。
②山線對摺後以熨斗燙出摺線。
袋底的中心點

13
2.5
袋身前片（正面）
肩背帶（背面）
3.5
0.8
④疏縫。
⑤將提把摺起的部分攤開，重疊於袋身前片上。
⑥車縫
0.2　13　2.5
⑦在四個角裝上鉚釘釦。
※另一邊也以相同方式將上提把。

7 車縫袋身的側身與袋底，並在側身縫上口袋

2.5
①將袋身上下兩片正面相對後進行車縫。
袋身前片（背面）
1
②攤開側身的縫份。
袋身前片（正面）
③將側身口袋重疊於袋身後進行車縫。
側身口袋（正面）
0.3
袋身前片（背面）
⑤車縫。
④讓側身縫線與袋底對齊
1

※側身口袋以熱接著雙面膠暫時固定，如此一來位置不易滑開，易於進行疏縫。

8 縫製袋身後片的底部 & 側身

2.5

1

袋身後片（正面）

① 將袋身正面相對後進行車縫

袋身後片（背面）

返口20cm

袋身後片（背面）

③ 作法同袋身前片，縫製完側身後，讓縫份倒向袋底。

② 攤開縫份。

9 在袋身前片縫上拉鍊

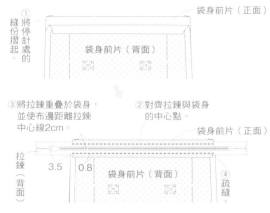

① 將停針處的縫份摺起。

袋身前片（正面）

袋身前片（背面）

③ 將拉鍊重疊於袋身，並使布邊距離拉鍊中心線2cm。

② 對齊拉鍊與袋身的中心點。

袋身前片（正面）

拉鍊（背面）

3.5　0.8

袋身前片（背面）

④ 疏縫

10 將袋身前片 & 袋身後片縫合

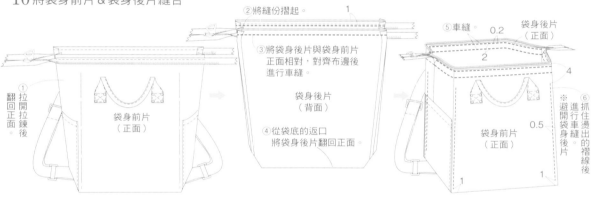

② 將縫份摺起。　1

① 拉開拉鍊後翻回正面

袋身前片（正面）

③ 將袋身後片與袋身前片正面相對，對齊布邊後進行車縫

袋身後片（背面）

④ 從袋底的返口將袋身後片翻回正面。

⑤ 車縫。　0.2　袋身後片（正面）

2

4

⑥ 抓住邊出的褶線後進行車縫※避開袋身後片

袋身前片（正面）

0.5

1　1

11 裝上口金框，並將扣耳縫於拉鍊上

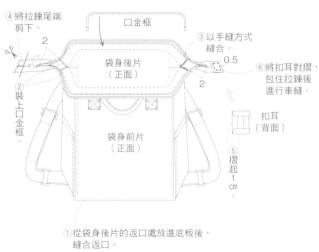

④ 將拉鍊尾端剪下。

2

口金框

③ 以手縫方式縫合。

袋身後片（正面）

0.5

② 裝上口金框。

2

⑥ 將扣耳對摺，包住拉鍊後進行車縫。

袋身前片（正面）

扣耳（背面）

⑤ 摺起1cm

① 從袋身後片的返口處放進底板後，縫合返口。

12 縫製扣環，並將其縫於提把上

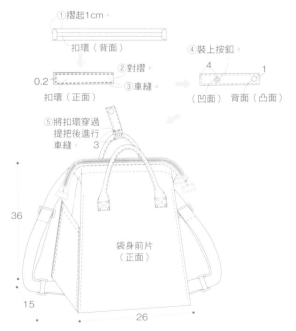

① 摺起1cm。

扣環（背面）

④ 裝上按釦。

0.2

② 對摺

③ 車縫

扣環（正面）

4　1

（凹面）　背面（凸面）

⑤ 將扣環穿過提把後進行車縫。　3

36

袋身前片（正面）

15

26

【FUN手作】118

好好車！家用縫紉機就OK！
生活感手作帆布包＆布小物(暢銷版)
一次學會托特包・手提包・波士頓包・後背包・肩背包實用指南

授　　　權／日本VOGUE社
譯　　　者／鄭昀育
發 行 人／詹慶和
選 書 人／Eliza Elegant Zeal
執行編輯／黃璟安
編　　　輯／蔡毓玲・劉蕙寧・陳姿伶・陳昕儀
執行美編／周盈汝
美術編輯／陳麗娜・韓欣恬
排　　　版／造極彩色印刷製版
出 版 者／雅書堂文化事業有限公司
發 行 者／雅書堂文化事業有限公司
郵政劃撥帳號／18225950
郵政劃撥戶名／雅書堂文化事業有限公司
地　　　址／220新北市板橋區板新路206號3樓
電　　　話／(02)8952-4078
傳　　　真／(02)8952-4084
網　　　址／www.elegantbooks.com.tw
電子郵件／elegant.books@msa.hinet.net

2020年3月二版一刷　定價380元

HANPU DE TSUKURU BAG TO KOMONO(NV80509)
Copyright ©NIHON VOGUE-SHA 2016
All rights reserved.
Photographer:Yukari Shirai,Yuki Morimura
Designer of the projects in this book:Keiko Okada,Aya Kushiyama,Yuka
Koshizen,Aya Saruta,Mari Shingu,Hiroko Matsuya
Original Japanese edition published in Japan by Nihon Vogue Co., Ltd.
Traditional Chinese translation rights arranged with Nihon Vogue Co., Ltd.
through Keio Cultural Enterprise Co., Ltd.
Traditional Chinese edition copyright © 2020 by Elegant Books Cultural
Enterprise Co., Ltd.

經銷／易可數位行銷股份有限公司
地址／新北市新店區寶橋路235巷6弄3號5樓
電話／(02)8911-0825　傳真／(02)8911-0801

國家圖書館出版品預行編目資料

好好車!家用縫紉機就OK!生活感手作帆布包&布小
物：一次學會托特包.手提包.波士頓包.後背包.肩背
包實用指南 / 日本VOGUE社授權；鄭昀育譯. -- 二
版. -- 新北市：雅書堂文化, 2020.03
　面；　公分. -- (FUN手作；118)
ISBN 978-986-302-531-3(平裝)
1.手提袋 2.手工藝

426.7　　　　　　　　　　　　　109002025

Design&Make

flico　岡田桂子
http://blog.goo.ne.jp/flico

Tracking +　櫛山 彩
http://tracking-bag.com/

越膳夕香
http://www.xixiang.net/

kikiworks　猿田 彩
http://kikiworks.petit.cc/

sewsew　新宮麻里
http://blog.goo.ne.jp/sewsew1

mizutama biyori works　松家啓子
http://www.mizutamabiyori.com/

Staff

美術設計　　TUESDAY（戸川知啓＋戸川知代）
攝影　　　　白井由香里、森村由紀（作法）
紙型描繪　　大池那月
模特兒　　　平地レイ
作法解說　　片山優子
編輯　　　　浦崎朋子

素材協力

・植村株式会社 (INAZUMA)
http://www.inazuma.biz/
・川島商事株式会社
http://www.e-ktc.co.jp/
・銀河工房
http://www.rakuten.co.jp/simuraginga/
・株式会社角田商店
http://shop.towanny.com/i-shop/top.asp
・布の通販　リデ
http://www.lidee.net/
・株式会社ノムラテーラー
http://www.nomura-tailor.co.jp/shop/
・fabric bird
http://www.rakuten.ne.jp/gold/fabricbird/
・株式会社フジックス
http://www.fjx.co.jp/